花草时光
一花一世界

[日] 新井光史 著

吴梦迪 译

江苏凤凰文艺出版社
JIANGSU PHOENIX LITERATURE AND
ART PUBLISHING LTD

前　言

花，对于我们来说是必不可少的吗？

至少对花而言，人类没有那么重要。只要有水、光、土壤、空气，花就能生长。如果从繁衍后代的角度来看，飞虫、鸟兽更加重要。

但是，我们人类的"心"却离不开花。

据传，旧石器时代的尼安德特人悼念逝者时，有将花当作随葬品陪同遗体一起埋葬的习惯。而在大约17世纪的土耳其，据说人们会通过送花向恋人表达相思之情，而非文字或语言。在日本，插花艺术和园艺文化分别在室町时代[①]和江户时代[②]发展壮大，建立起了花和人之间共生共存的特殊关系。以花为饰，能让人心神安宁，神清气爽。所以，即便只是为了愉悦心灵，也请试着将花带入日常生活中吧。

春夏秋冬，每个季节都有不同种类的花。本书共记载了206种花，每一种花都有相应的花语。

愿这本书能够帮助大家更好地了解花，更懂得如何与花共同生活。

让我们享受有花相伴的日子吧！

注：①1336年~1573年，是日本历史中世时代的一个划分，名称源自于幕府设在京都的室町。
②1603年~1867年，又称德川时代。是日本历史上武家统治封建时代的最后一个时期。

目 录

PART 01 春

2　荷兰鸢尾
3　六出花
4　冠状银莲花
6　朱顶红
8　花烛
9　玉米百合
10　伞花虎眼万年青
11　栀子花
12　康乃馨
13　燕子花
14　覆盆子
15　帝王花
16　金盏花
17　铁线莲
18　番红花 / 黑百合
19　麻叶绣线菊 / 樱草

20　樱花
22　瓶子草 / 山茱萸
23　杜鹃花 / 绒毛饰球花
24　香豌豆
25　铃兰
26　小星辰花
27　堇菜
28　鹤望兰
30　石竹
31　郁金香
32　巧克力秋英 / 蓝眼菊
33　石斛花 / 蜡瓣花
34　油菜花
36　黑种草
37　细柱柳
38　饰球花

39	贝母
40	多花素馨 / 银边翠
41	紫荆 / 大花四照花
42	野蔷薇
43	欧洲荚蒾
44	风信子
45	针垫花
46	倒挂金钟
47	花贝母
48	香雪兰
50	天竺葵
51	牡丹
52	木兰
53	日本金缕梅
54	贝利氏相思 / 堇色兰
55	葡萄风信子 / 矢车菊

56	棣棠花
57	珍珠绣线菊
58	花毛茛
60	欧丁香 / 阳光百合
61	羽扇豆 / 连翘花
62	勿忘草
63	蜡花
64	关于花的小知识 1 樱花为什么会同时盛开、同时凋谢？

PART 02　夏

66	百子莲
67	牵牛
68	绣球

70	落新妇	88	紫菀 / 果子蔓
71	大星芹	89	巨兰 / 蝇子草
72	沙漠玫瑰	90	唐菖蒲
73	羽衣草	91	金槌花
74	大花葱 / 那不勒斯葱	92	女王郁金
75	茴香 / 刺芹	93	嘉兰
76	紫松果菊	94	波斯菊
77	粉团荚蒾	96	宫灯百合
78	耧斗菜	97	龙船花
79	山绣球	98	洋地黄
80	圆锥石头花	99	德国鸢尾
82	马蹄莲	100	百日菊
84	山月桂	102	芍药
85	风铃草	103	紫盆花
86	黄波斯菊	104	睡莲
87	欧洲夹竹桃	106	红醋栗

107 白鹤芋	124 向日葵
108 黄栌 / 千日红	125 圆锥绣球
109 日本獐牙菜 / 汉森百合	126 钉头果 / 圆叶柴胡
110 银叶菊	127 蓝饰带花 / 小天蓝绣球
111 蜀葵	128 蓝星花
112 大丽花	129 鸡蛋花
113 紫花凤梨	130 墨西哥珊瑚坠子
114 晚香玉 / 德克萨斯铁线莲	131 红花
115 石竹球 / 蝴蝶石斛	132 蝎尾蕉
116 翠雀	133 酸浆
117 西番莲	134 杜鹃草
118 乌头 / 长春花	135 罂粟
119 菠萝花 / 水芙蓉	136 万寿菊 / 凤梨
120 朱槿	137 莫氏兰 / 贝壳花
122 花菖蒲 / 玫瑰	138 夕雾
123 日光菊 / 尾穗苋	139 百合

140 飞燕草

141 五色梅

142 蛇鞭菊

144 丽格海棠

145 地榆

146 关于花的小知识 2
　　玫瑰的历史和品种改良

PART 03　秋

148 秋色绣球 / 玩具南瓜

149 日本栗 / 鸡冠花

150 棉花

151 石榴

152 一串红

154 茶梅 / 土茯苓

155 仙客来 / 打破碗花花

156 非洲堇

157 草珊瑚

158 加拿大一枝黄花

159 娜丽花

160 兰香草

161 羽衣甘蓝

162 三色堇

163 金丝桃

164 白头婆

165 寒丁子

166 一品红

168 玛格丽特花

169 菊花

170 龙胆

PART 04　冬及全年

172 芦荟

173 欧石楠

174 美洲石斛

176 文心兰

177 非洲菊

178 母菊 / 圣诞伽蓝菜

179 垂筒花 / 圣诞玫瑰

180 蝴蝶兰

181 瓜叶菊

182 虎头兰 / 水仙

183 雪花莲 / 紫娇花

184 山茶

185 旱金莲

186 七灶花楸

187 兜兰

188 万代兰

189 叶子花

190 小花蝴蝶兰

192 桃花 / 南美水仙

193 绿松石立金花 / 洋桔梗

194 关于花的小知识 3

　　日本人和菊花的关系

PART 05　和花有关的词语、表述

196 术语

202 惯用语、谚语

210 名人名言

PART 06　　花之种种

220　如何选择

226　如何赠送

233　如何养护

238　如何装饰

252　如何加工

后记

> **说明**
> 不同的地域因为气候不同，花期会有所差异。本书中的花期以日本的为主。

Flower's Dictionary

PART 01

春

001

Iris×Hollandica

荷兰鸢尾 ［爱丽丝］

- 植物科别：鸢尾科
- 原产地：西班牙
- 花期：4~5月

爱的留言

花形似花菖蒲，花色多呈紫色，花朵较小，冷冽优美。喜阳光充沛之地，可栽于庭院，也适于盆栽。园艺品种有白色、粉色、黄色、浅褐色等。花朵枯萎后，请立即摘掉，营养就会分配给其他花朵，将更容易绽放。

Alstroemeria aurantiaca

六出花 ［水仙百合］

* 植物科别：六出花科
* 原产地：南美洲
* 花期：3～7月

> 喜悦、期待重逢、友谊与健康

六出花的英语名称是"Alstroemeria"，该名称来源于瑞士植物学家Clausvon Alstroemer的名字。因多产于南美洲，又被称作"智利百合""秘鲁百合"。20世纪60年代是其品种改良的鼎盛时期，所以相对而言，六出花作为园艺品种的历史较短。叶子表里颠倒，十分罕见。

003

Anemone coronaria

冠状银莲花 ［罂粟秋牡丹］

❖ 植物科别：毛茛科
❖ 原产地：亚洲、欧洲南部
❖ 花期：2～5月

冠状银莲花是一种报春的秋植球根花卉，也是园艺爱好者们喜爱的代表性植物。花朵直径长达10厘米，非常惹眼。花色丰富，有红色、粉色、白色、紫色等。传说爱与美之神阿弗洛狄忒痛失爱人时，将所流之血化作了冠状银莲花的花朵。

虚幻的爱、期待

004

Hippeastrum rutilum

朱顶红 ［孤挺花］

✧ 植物科别：石蒜科
✧ 原产地：秘鲁、巴西
✧ 花期：4~6月

多数朱顶红都是在荷兰经过品种改良后的产物。花色丰富，有鲜艳的红色、橙色、复色（白色、粉色）等。花朵大，花径可达20厘米。叶片呈线形或带状，从中部开始抽出。其属名"Hippeastrum"是希腊语中"骑士"和"星星"的合成语。

> 喋喋不休、腼腆

005

Anthurium andraeanum

花烛 ［红鹅掌］

烦恼

* 植物科别：天南星科
* 原产地：哥伦比亚、厄瓜多尔
* 花期：4～7月

花朵呈心形，富有光泽，宛如塑料制的人造花。颜色看似花朵的部分叫作"佛焰苞"。像尾巴一样从中间"戳"出来的肉穗花序上生长着许多小花。

006

Ixiamaculata

玉米百合

❋ 植物科别：鸢尾科
❋ 原产地：南非
❋ 花期：4~5月

团结

玉米百合原产于南非，但其品种改良主要在荷兰。花蕾入夜后会闭合，然而沐浴过阳光后，它又会像稻穗一样展开，展现别样的风情。它的花色也十分丰富，有红色、粉色、黄色、蓝绿色等。"Ixia"一词源自希腊语，意为"著名的植物"。

Ornithogalum umbellatum

伞花虎眼万年青 ［葫芦兰］

纯粹、才能

* 植物科别：风信子科
* 原产地：欧洲等地
* 花期：3～5月

属于球根植物，拥有6片清秀纯洁的白色花瓣，被喻作耶稣诞生之夜绽放光辉的"伯利恒之星"，英文名是"Star of Bethlehem"。原产于欧洲、非洲、西亚等地。会绽放许多花径为3厘米左右的小花。具有耐寒性，十分强健。

Gardenia jasminoides

栀子花 ［黄栀子］

❖ 植物科别：茜草科
❖ 原产地：中国
❖ 花期：4～5月

带来喜悦、优雅

栀子花会在梅雨时节盛开，一般为六瓣，花瓣大，且呈纯白色。香气浓烈、怡人。到了秋天，会结出橙红色的果实，常被用以制作黄色染料。在日语中，这种果实又被称作"无口"。据说是因为它即便成熟了，也不会裂开。

009

Dianthus caryophyllus

康乃馨 ［荷兰石竹］

爱、魅力、敬仰之情

* 植物科别：石竹科
* 原产地：欧洲温带地区
* 花期：4~6月

美国向来有母亲节赠花的习惯，现在这个习惯也在亚洲国家盛行开来，深受广大群众的推崇，因此一年四季都能看到康乃馨的身影。波浪形的花瓣交互重叠，呈现华丽又端庄的姿态，散发着独特的香味。花色丰富，品种繁多，是赠送长辈和婚礼装饰不可或缺的花。

010

Iris laevigata

燕子花 ［杜若］

幸运一定会到来

✣ 植物科别：鸢尾科
✣ 原产地：中国、日本等地
✣ 花期：4～5月

燕子花①的名字源自染衣所用的"印染花②"。日本有句谚语，叫作"不分溪荪与杜若"，表达的是难分优劣，无法区别之意。顺便提一下，溪荪为陆生植物，喜排水良好之地。燕子花为水生植物，喜有水之地。

注：①燕子花在日语中读作"KAKITSUBATA"。
　　②印染花在日语中读作"KAKITSUKEBANA"。

011

Rubus idaeus

覆盆子 ［树莓］

谦逊

❊ 植物科别：蔷薇科
❊ 原产地：温带地区
❊ 花期：3～7月

覆盆子几乎是无农药栽培，所以只要确保栽培空间，即可培育。它的刺不是很尖锐，但也要小心，不要被扎到。果实酸酸甜甜、香味十足、非常可口。适合生食，也可用以制作果酱等。

Protea cynaroides

帝王花 ［普蒂亚花］

王者风范

✤ 植物科别：山龙眼科
✤ 原产地：南非
✤ 花期：4～6月

"Protea"一词源于希腊神话中可以随意变换外形的普罗透斯（Proteus），所以帝王花的花朵和叶子都富于变化，特别引人注目。尤其是花朵，形似皇冠，个性十足，令人印象深刻。可将其制成干花，装饰房间。

Calendula officinalis

金盏花 ［黄金盏］

* 植物科别：菊科
* 原产地：欧洲
* 花期：3～6月

> 离别的悲痛

金盏花的学名"Calendula"是拉丁语，和日历"Calendar"出自同一词源。金盏花生性强健，容易培育，因此被广泛用于花坛和盆栽，备受欢迎。此外，它作为一种植物色素原料，还被用来为药物和菜肴增添色彩。它还有另一个英文名"Pot Marigold[①]"。

注：①这个英文名相传与圣母玛丽亚有关，由于圣母是童贞女，因此将金盏花缓解经痛及调节经期的功能借以用来庇助少女。

014

Clematis florida

铁线莲 ［铁线牡丹］

心灵美

* 植物科别：毛茛科
* 原产地：中国、日本
* 花期：4～10月

在英国，铁线莲素有"藤本皇后"之誉，备受人们的喜爱。中国原产的拥有6片乳白色花瓣的铁线莲和日本原产的转子莲均与之同属。铁线莲在世界各地拥有众多野生种和原种，通过交配，衍生出了许多新品种。

015

Crocus sativus

番红花 ［藏红花］

* 植物科别：鸢尾科
* 花期：2～4月

番红花的栽培需要充足的日照和良好的排水环境。秋天栽植球茎，长出根须，到了早春，就会开出鲜艳的花朵。

青春的喜悦

016

Fritillaria camschatcensis

黑百合

* 植物科别：百合科
* 花期：4～5月

黑百合和百合虽然同科，却不同属。黑百合常开于高山地带，香味独特有个性，十分神秘。

诅咒

017

Spiraea cantoniensis

麻叶绣线菊

✤ 植物科别：蔷薇科
✤ 花期：4~5月

麻叶绣线菊是自日本江户时代初期开始栽培的观赏花卉。在日本，人们将其比作"小皮球"。

努力、优雅

018

Primula sieboldii

樱草

✤ 植物科别：报春花科
✤ 花期：4~5月

樱草是常见于河边、草原等地的多年生草本。日本江户时代，该品种得到快速发展，并孕育出了许多新品种，是一种古典园艺植物。

初恋、希望、无悔

019

Cerasus

樱花

✤ 植物科别：蔷薇科
✤ 原产地：日本
✤ 花期：4月

樱花树是蔷薇科的落叶阔叶树。樱花开于春天，对日本人而言，拥有特殊的地位。果实可食用，花和叶子可制成盐渍食品。据说现在日本的赏樱胜地中，最具代表性的樱花品种——"染井吉野"约占八成左右。

爱情与希望

020

Sarracenia purpurea

瓶子草

❋ 植物科别：瓶子草科
❋ 花期：3～5月

瓶子草是一种捕食虫子的食虫植物。捕虫叶呈筒状，筒底部会分泌含消化酵素的液体。

与众不同、怪人

021

Cornus officinalis

山茱萸 ［秋珊瑚］

❋ 植物科别：山茱萸科
❋ 花期：3～4月

山茱萸的果实在10月左右会成熟变红，所以也被称作"秋珊瑚"。它是人们十分喜爱的报春花树。

持续、耐久

022

Rhododendron simsii

杜鹃花 ［映山红］

❋ 植物科别：杜鹃花科
❋ 花期：4~5月

据说原种从中国传入欧洲时，其花之美艳和华丽引得当时的人们连连惊叹。

繁荣、坚韧

023

Berzelia lanuginosa

绒毛饰球花 ［白色圣诞果］

❋ 植物科别：刻球花科
❋ 花期：4~5月

顶端分支众多，结出银白色的圆形花序。花朵持久性良好，适合制作成干花。

讲究体面之人

Lathyrus odoratus

香豌豆 ［花豌豆］

> 出门、别离

* 植物科别：豆科
* 原产地：意大利
* 花期：4~6月

具有藤本性的卷须相互缠绕着，不断向外蔓延。因散发轻微的甘甜香味而得名"香豌豆"。花形似蝴蝶，乍一看像是要展翅高飞的样子，所以花语是出门、别离。

025

Convallaria majalis

铃兰 ［风铃草］

幸福归来

* 植物科别：豆科
* 原产地：亚洲、欧洲等地
* 花期：4～5月

日本栽培最多的铃兰是原产于欧洲的德国铃兰。相较于日本原产的铃兰，德国铃兰的花株和花朵更大、更结实。日本原产的铃兰不耐高温多湿的环境，而且培育困难，所以并不多见。

026

Limonium

小星辰花

永恒不变

* 植物科别：蓝雪科
* 原产地：地中海沿岸
* 花期：4~6月

小星辰花的花色丰富，粉色、白色、蓝色、黄色、褐色、紫红色等五颜六色的花萼十分美丽。此外，小星辰花的持久性较好，所以也是非常受欢迎的切花、干花素材。特别是在盂兰盆节[①]时期，更是不可或缺的一种花。

注：①在日本，盂兰盆节是仅次于元旦的盛大节日。时间是每年农历七月十五日，也称"中元节"。

027

Viola verecunda

堇菜 [董董菜]

朴实的幸福

❖ 植物科别：堇菜科
❖ 原产地：中国东北部、东部等地
❖ 花期：3~5月

堇菜花茎细长，顶端只开一朵花，这是它的一大特征。花瓣有5片，花朵侧向开放。堇菜是多年生草本，所以常生于日照充足的路边。偶尔也可以在混凝土的缝隙中，看到它可爱的花姿。

028

Strelitzia reginae

鹤望兰 ［天堂鸟］

✥ 植物科别：旅人蕉科
✥ 原产地：南非
✥ 花期：4~9月

鲜艳橙黄的花萼和绿色的花瓣，给人以热带的感觉。个性十足的外形，令人过目不忘。只要保持一定的温度，鹤望兰便能全年开花，因此常被人们用于制作切花。因为花的形状容易令人联想到鸟，所以又被称为"天堂鸟"。

自由、幸福、潇洒

029

Dianthus chinensis

石竹　[洛阳花]

纯粹的爱、天真无邪

* 植物科别：石竹科
* 原产地：中国
* 花期：4～8月

和石竹同为石竹属的植物大约有300种，分别分布在世界各地。石竹姿态柔美，花朵可爱，花香也十分迷人。素有"母亲节之花"的康乃馨也属于石竹属，而除此之外的所有石竹属植物统称为"石竹"。

030

Tulipa gesneriana

郁金香 ［草麝香］

体贴

* 植物科别：百合科
* 原产地：中亚、北非等地
* 花期：3~5月

无人不知的郁金香是一种球根植物，在全世界范围内都享有很高的人气。品种数不胜数，至今为止，有记载的品种已超过5000种。花形种类丰富，有单瓣群、重瓣群、百合花型、流苏花型和鹦鹉群等。

031

Cosmos atrosanguineus

巧克力秋英

* 植物科别：菊科
* 花期：3～11月

香气甘甜似巧克力，故得名"巧克力秋英"，是一种多年生草本。花色呈浓重的酒红色，十分典雅。

恋爱的终结、
恋爱的回忆

032

Osteospermum

蓝眼菊［蓝眼雏菊］

* 植物科别：菊科
* 花期：3～5月

"Osteospermum"在希腊语中是"两种形状的果实"的意思。花茎纤细，缓缓弯曲。

财富、幸福

033

Dendrobium nobile

石斛花 ［太阳花］

✤ 植物科别：兰科
✤ 花期：2～5月

野生的石斛花附生在树上。耐寒能力强，除非花株受冻，否则不会枯死，十分强健。

任性的美人

034

Corylopsis sinensis

蜡瓣花

✤ 植物科别：金缕梅科
✤ 花期：3～4月

在长出新叶之前，黄白色的小花便率先聚成一团垂下来。在日本，人们自江户时代开始，就喜欢在庭院里种植蜡瓣花，或将其制成切花。

清秀

035

Brassica campestris

油菜花 ［芸薹］

- 植物科别：十字花科
- 原产地：欧洲
- 花期：2~5月

十字花科的花卉，其外形都十分相像，可制成拌菜食用的油菜花是其中的原始品种。日本进入江户时代以后，人们为了从它的种子中榨取菜籽油，便开始广泛种植。油菜花的繁殖能力非常强，如果种在庭院内，其数量会随着掉落在地上的种子而逐年增加。尤其是在开阔的空间内成片开放时，场面更是十分壮观。

> 快乐的爱、
> 小小的幸福、财富

036

Nigella damascena

黑种草

困惑

* 植物科别：毛茛科
* 原产地：欧洲南部、中东等地
* 花期：4~6月

蓝色或白色的花交相开放，沾上雨水之后，更能营造出一种梦幻而独特的氛围。在英语中，它还有一个非常浪漫的名字，叫作"Love in a mist（雾中之爱）"。在日本，它被称为"黑种草"，因为果实中包裹着很多黑色的小种子。

Salix gracilistyla

细柱柳 ［猫柳］

自由、率真、热情

✢ 植物科别：杨柳科
✢ 原产地：中国、日本
✢ 花期：3～4月

细柱柳是杨柳科的落叶灌木，成片生长于河边。细柱柳的花形十分特别，像猫毛一般，所以被称作"猫柳"。在日本，它大约在3～4月开花，所以是人们非常钟爱的报春植物。

038

Berzelia

饰球花

小小的勇气

* 植物科别：刻球花科
* 原产地：南非
* 花期：4~5月

饰球花常用于圣诞节的花卉布置。乍一看，花蕾形似蘑菇，可以和任何花进行搭配。此外，在没有水的环境下，饰球花容易变成干花，所以也可制成装饰用的艺术品，供长久观赏。

Fritillaria

贝母 ［苦花］

让人心情愉悦

* 植物科别：百合科
* 原产地：中国
* 花期：3～4月

贝母是中国原产的多年生草本，属于球根植物。大约300年前，作为药用植物传入日本，一直使用至今。干燥后的鳞茎也被称为"贝母"，具有止咳祛痰、止血、催乳的功效。

040

Jasminum polyanthum

多花素馨 ［素兴花］

* 植物科别：木犀科
* 花期：4～5月

多花素馨是中国原产的半常绿藤本植物。花香浓烈。在素馨属的植物中，属于耐寒能力强的一种。

诱惑、成人之爱

041

Euphorbia marginata

银边翠 ［高山积雪］

* 植物科别：大戟科
* 花期：4～5月

银边翠是一年生草本，不耐寒，生长高度不超过1米。秋天时，顶部叶子的边缘会变白。

好奇心

042

Cercis chinensis

紫荆 ［紫珠］

❋ 植物科别：豆科
❋ 花期：4月

在长出新叶之前，紫荆树的枝干上会长出密密麻麻的紫中带红的小花。成串儿的紫荆豆十分好看。

怀疑、背叛

043

Cornus florida

大花四照花 ［狗木花］

❋ 植物科别：山茱萸科
❋ 花期：4~5月

观赏时间长，秋天的红叶和结出的果实相互衬托，非常美丽。树形匀称、自然，备受喜爱。

感恩、回报

044

Rosa multiflora

野蔷薇 ［蔷薇］

爱、美

* 植物科别：蔷薇科
* 原产地：中国
* 花期：3~10月

自古以来，野蔷薇就备受人们的喜爱。沐浴在野蔷薇的芳香中，放松身心，可达到缓解压力的效果。野蔷薇在日语中读作"BARA"，据说是"荆棘[①]"的日文去掉"I"所得。

注：①荆棘在日语中的罗马拼音是"IBARA"。

045

Viburnum opulus

欧洲荚蒾 [欧洲琼花]

调皮、誓言

* 植物科别：忍冬科
* 原产地：欧洲、亚洲东部等地
* 花期：3~5月

荚蒾属的植物大约有120种，其中日本有40种左右的野生种。据说，欧洲荚蒾主要是对粉团荚蒾、蝴蝶戏珠花等进行品种改良得来的。此花尚未完全绽放时呈黄绿色，一旦完全绽放，就会变为白色。

046

Hyacinthus orientalis

风信子 ［西洋水仙］

运动、游戏、玩耍

* 植物科别：风信子科
* 原产地：希腊、叙利亚等地
* 花期：3~4月

风信子是点缀春天花坛的秋植球根花卉，香气浓烈。园艺品种的花色十分丰富。荷兰是风信子的主要栽培地，所以在英语中被叫作"Dutch hyacinth（荷兰风信子）"。此外，风信子易于水培。快速伸展出来的一条条白色根须与透明容器相互映衬所展现出的整体美，正是风信子独有的魅力。

047

Leucospermum

针垫花 ［风轮花］

* 植物科别：山龙眼科
* 原产地：南非
* 花期：4～6月

> 无论在哪儿，
> 都能收获成功

拉丁学名为"Leucospermum"，源自希腊语"Leuco（白色的）"和"Permum（种子）"的合称。因为花朵像插满了针的针垫，所以叫"针垫花"。针垫花的持久性较好，因此可制作成切花，供长期观赏。

048

Fuchsia

倒挂金钟 ［灯笼花］

相信爱情的心

* 植物科别：柳叶菜科
* 原产地：中南美洲、西印度群岛
* 花期：4~10月

花朵朝下开放，花姿高雅，所以又被称作"贵妇的耳环"。园艺品种主要在欧洲培育而成。原产于亚热带地区，所以野生的倒挂金钟常出现在高寒地区和潮湿昏暗的森林、峡谷等地。不耐酷暑。

Fritillaria imperalis

花贝母 ［璎珞百合］

才华、让人心情愉悦

* 植物科别：百合科
* 原产地：欧亚大陆温带地区
* 花期：3~5月

在日本，花贝母常被用作茶室花卉和插花素材，和黑百合、贝母同属。它们的花朵呈吊钟状，都朝下开放，花姿独特，在球根花卉爱好者中享有很高的人气。

050

Freesia

香雪兰 ［小苍兰］

❊ 植物科别：鸢尾科
❊ 原产地：南非
❊ 花期：3~5月

黄色和白色的花，香气最为浓烈。花色丰富，是十分受欢迎的切花素材。然而，耐寒性不强，只有在不下霜的地方，才可以在室外过冬。

天真、纯洁

051

Pelargonium hortorum

天竺葵 ［洋绣球］

* 植物科别：牻牛儿苗科
* 原产地：南非
* 花期：4～7月

> 有你才幸福，
> 尊敬、决心

天竺葵开于春天至初夏期间，是只开一季的多年生草本植物。花形各异，其花色有深红色的，也有双色的。"Pelargonium"源自希腊语中意为"白鹳"的词语，据说是因为天竺葵的果实形似白鹳的嘴。

052

Paeonia suffruticosa

牡丹　[木芍药]

雍容、华贵、羞涩

❖ 植物科别：芍药科
❖ 原产地：中国
❖ 花期：4～6月

在中国，牡丹素有"花中之王""花中之神"的美誉，其美艳程度非其他花卉可比拟。"立如芍药，坐如牡丹，行如百合"，常被用于形容美女。作为药用植物被传入日本后，在江户时代培育出了许多园艺品种。

053

Magnolia liliflora

木兰［辛夷花］

* 植物科别：木兰科
* 原产地：中国
* 花期：3～4月

友情、友爱

学名里的"Magnolia"是根据18世纪法国植物学家皮埃尔·马诺（Pierre Magnol）的名字命名的。早春开花的皱叶木兰、初夏开花的荷花玉兰均为同属。

054

Hamamelis japonica

日本金缕梅

* 植物科别:金缕梅科
* 原产地:日本
* 花期:2~3月

日本金缕梅会在百花萧索的季节,绽放出无比显眼的黄色花朵。关于日本金缕梅的命名[①],有人认为是因为日本金缕梅在早春比其他所有花都要早开[②],也有人认为是因为其树枝上开满[③]了花朵。

注:①金缕梅在日语中读作"MANSAKU"。
　　②早开在日语中读作"MAZUSAKU"。
　　③开满在日语中读作"MANSAKU"。

灵感

055

Acacia baileyana

贝利氏相思 ［银叶金合欢］

❋ 植物科别：豆科
❋ 花期：2~4月

贝利氏相思的特征是略带银色的叶子和圆形的小花。花盛开时，整棵树都会染上黄色，值得一看。

秘密的爱、友情

056

Miltonia

堇色兰 ［密尔顿兰］

❋ 植物科别：兰科
❋ 花期：4~5月

堇色兰是在树干上扎根生长的附生性植物，有些生长在高原，有些生长在盆地。

家庭的爱

057

Muscari

葡萄风信子 ［蓝瓶花］

✾ 植物科别：百合科
✾ 花期：3～4月

花色呈蓝紫色，使花坛更加色彩缤纷。葡萄风信子作为著名的"陪衬"，可以凸显其他植物的美。圆形壶状的小花像葡萄串一样，密集开放。

> 光明的未来、失望、失意

058

Centaurea cyanus

矢车菊 ［蓝芙蓉］

✾ 植物科别：菊科
✾ 花期：4～5月

原是一种野生花卉，经过人们多年的培育，颜色变得更多了，有紫色、蓝色、浅红色、白色等花色，其中紫色、蓝色最为名贵。

> 纤细、优美

059

Kerria japonica

棣棠花 ［山吹］

文雅、崇高、财运

* 植物科别：蔷薇科
* 原产地：中国、日本
* 花期：4～5月

弯弯下垂的枝条上，明艳的黄色花朵与绿色的树叶形成一种反差之美。细长的树枝随风摇曳的样子，仿佛在摇晃山一样，所以又被叫作"山吹"。日本向来就有欣赏棣棠的习惯，甚至在《万叶集》[①]中还对此有所记载。可见，对日本人而言，棣棠是一种非常熟悉的花。

注：①《万叶集》是日本最早的诗歌总集，相当于中国的《诗经》。

060

Spiraea thunbergii

珍珠绣线菊 ［珍珠花］

灵动、可爱

❖ 植物科别：蔷薇科
❖ 原产地：中国
❖ 花期：4月

花盛开之时，整棵树就像裹着一层雪一样，甚为美丽。珍珠绣线菊常被种植在花坛或公园里。到了春天，下垂的细长枝条上便会开满花朵。叶子似柳叶，一眼望去，密密麻麻的白色花朵就像盖着一层雪花，所以在日语中称为"雪柳"。

061

Ranunculus asiaticus

花毛茛 ［陆莲花］

✤ 植物科别：毛茛科
✤ 原产地：欧洲东南部和亚洲西南部
✤ 花期：4~5月

花毛茛拥有多重花瓣，这是它的魅力所在。近年来，以用于切花为主的品种不断得到改良，甚至出现了花茎达15厘米的品种。拉丁学名源自拉丁语中意为"青蛙"的"Rana"，因为花毛茛生长在湿地，和青蛙的栖息地一样。

> 魅力十足、绽放光辉

062

Syringa vulgaris

欧丁香［洋丁香］

✤ 植物科别：木犀科
✤ 花期：4~5月

欧丁香原产于欧洲，拥有2000多个园艺品种。有香味，花期长，且耐寒性强。

回忆、友情、谦虚

063

Leucocoryne

阳光百合

✤ 植物科别：石蒜科
✤ 花期：4~5月

花色清爽，花茎纤细，花形优美，深受人们的喜爱。花朵开于纤细的花茎顶端，拥有5~6片花瓣，散发怡人的香味。

温暖的心

064

Lupinus

羽扇豆 ［鲁冰花］

✣ 植物科别：豆科
✣ 花期：4~6月

小花与蝴蝶相似，向上绽放，就像是将紫藤花倒置过来一样。所以在日语中也被叫作"上升紫藤"。

想象力、永远幸福、贪欲

065

Forsythia suspensa

连翘花 ［一串金］

✣ 植物科别：木犀科
✣ 花期：3~4月

连翘花原产于中国，但在很早之前就传入欧洲，并得到了广泛的普及。它是一种非常重要的园艺品种，常被用来制作中药。

希望、集中力

066

Myosotis

勿忘草 ［勿忘我］

> 真实的爱、请不要忘了我

* 植物科别：紫草科
* 原产地：温带地区
* 花期：3～5月

勿忘草会在春天至夏天期间开出美丽的花朵。花朵怕热，所以盛开之后，往往很快枯萎。本身是多年生草本，但在日本，常被当作一年生草本来栽培。其名字来源于中世纪德国一个悲凉的爱情故事。

Chamelaucium uncinatum

蜡花 ［西澳蜡花］

随心所欲、纤细、可爱

❖ 植物科别：桃金娘科
❖ 原产地：澳大利亚
❖ 花期：4～6月

蜡花是原产于澳大利亚的小灌木，柔软的绿色针叶，搭配红色、桃红色、白色的花朵。此外，花如其名，其花朵是蜡质的，富有光泽。部分品种的叶子或枝干还会散发甘甜的柠檬香味。

关于花的小知识 1

樱花为什么会同时盛开、同时凋谢？

　　樱花已经成为赏花的代名词，它的人气始于日本平安时代①。接下来，就让我们追溯一下樱花的历史。

　　镰仓时代②，除了贵族之外，武士和普通老百姓也会赏花，但仅限于一些特殊活动。进入安土桃山时代③之后，织田信长、丰臣秀吉相继掌握政权，赏花也开始兴盛起来。特别是丰臣秀吉举办的"吉野赏花会"和"醍醐赏花会"，更是闻名古今。

　　进入江户时代后，贵族的"飨宴"和农民的"春山行"融合在一起，形成了现在赏花的雏形。

　　江户时代后期，江户染井村（现在东京都丰岛区）的园艺师通过人工杂交培育出了具有相同遗传基因的"染井吉野樱"。这种樱花不同于其他樱花，它的生长速度非常快，3年即可开花，10年就能长成成年树，因此日本各地开始广泛栽种起来。第二次世界大战后，日本成为一片废墟。日本民众开始在各地种植生长快速的"染井吉野樱"，以至于到现在，日本约八成的樱花都是"染井吉野樱"。然而，因为这些樱花都是人工杂交而来的，具有相同的遗传基因，所以它们开花的时候会一同开放，凋谢的时候也一同凋谢。

　　赏花是日本独有的文化。但是，赏花时请务必注意，千万不要喝多了哦。

注：①从794年桓武天皇将首都从奈良移到平安京（现在的京都）开始，到1192年源赖朝建立镰仓幕府一揽大权为止。
②1185年~1333年，是日本历史中以镰仓为全国政治中心的武家政权时代。
③1573年~1603年，织田信长与丰臣秀吉称霸日本的时代。

Flower's Dictionary
PART 02

夏

068

Agapanthus africanus

百子莲 ［紫君子兰］

* 植物科别：百合科
* 原产地：南非
* 花期：7～8月

> 恋爱的到来、
> 爱情的降临

花色是非常清爽的蓝色，让人看了就感觉神清气爽。宿根植物，盛夏至初秋开花，喜光，喜温暖、湿润的环境。花株高50～130厘米不等，给夏日的花坛带来一袭凉风。花色有深蓝，也有天蓝，有些品种还呈白色。

069

Pharbitis nil

牵牛 ［朝颜］

> 虚幻的爱、伪装

* 植物科别：旋花科
* 原产地：美洲热带地区
* 花期：7～9月

因为清晨开花，所以又叫作"朝颜"，英语名为"Morning glory"。藤蔓的缠绕方向和花蕾的扭转方向正好相反。从中国传入日本时，牵牛是被当作药用植物使用的。但是到了江户时代，人们开始栽培它的观赏品种，品种改良达到鼎盛时期。

070

Hydrangea macrophylla

绣球 ［紫阳花］

* 植物科别：虎耳草科
* 原产地：中国、日本
* 花期：5~7月

绣球的学名是由希腊语中的"水（Hydro）"和"容器（Angeion）"复合而成的，体现了绣球喜水忌干燥的习性。从庭院剪切下来装饰室内时，只要让其充分吸收水分，就可保持很长一段时间。如果在水中添加营养剂，还能让花的颜色长久保持鲜艳。

| 活泼的女性、不专一、见异思迁 |

071

Astilbe chinensis

落新妇 [小升麻]

❉ 植物科别：虎耳草科
❉ 原产地：中国
❉ 花期：5～7月

恋爱的到来、随心所欲

落新妇可以为初夏的庭院增加亮点，在半日阴的地方也能生长。即便在梅雨时节的绵绵细雨中，落新妇也能坚挺地开放，甚至散发出胜于晴天时的魅力。与它同属的乳茸刺、泡盛草等植物，多生长在山野间。

072

Astrantia major

大星芹

爱的渴望、向星星许愿

✤ 植物科别：伞形科
✤ 原产地：欧洲
✤ 花期：5~8月

大星芹是一种宿根花卉，性耐寒。"Astrantia"在希腊语中是"星星"的意思。花色有灰中带浅绿的，也有呈暗哑浅粉的，均比较低调，所以常被用来搭配成熟的花束。大星芹耐干燥，忌温热、潮湿。

073

Adenium obesum

沙漠玫瑰 ［天宝花］

一见钟情

* 植物科别：夹竹桃科
* 原产地：东非、纳米比亚等地
* 花期：5~9月

关于沙漠玫瑰的名称来源，有两种说法。一种认为是源自原生地之一的"亚丁（Aden）"，另一种则认为是源自希腊语中的"腺体（Aden）"。后者之所以这么认为，据说是因为沙漠玫瑰的树液中含有毒素。事实上，树液确实有毒，所以绝对不可以误食。与其同属的夹竹桃的树液也有毒。

074

Alchemilla japonica

羽衣草 [珍珠草]

光辉、初恋

✤ 植物科别：蔷薇科
✤ 原产地：高加索、土耳其等地
✤ 花期：5~7月

羽衣草属的植物在欧洲被称作"Lady's Mantle"。自古以来，一直都是深受人们喜爱的守护女性美丽和健康的药草。羽衣草柔和的黄绿色和任何花都十分相称，尤其是和鲜艳的花放在一起时，形成的色调反差非常夺人眼球。

075

Allium giganteum

大花葱 ［吉安花］

✽ 植物科别：百合科
✽ 花期：5～6月

大花葱属于观赏葱，和其他同属一样，花茎顶端会开出无数小花，形成球状或半球状。大花葱的吸水性很好，持久性也强。

无尽的悲伤、正确的主张

076

Allium Neapolitanum

那不勒斯葱 ［纸花葱］

✽ 植物科别：百合科
✽ 花期：5～7月

具有透明感的白色，缓缓弯曲的花茎，给人以非常温和的印象。因为是葱属植物，所以切口会散发独特的味道。

无尽的悲伤、正确的主张

077

Foeniculum vulgare

茴香 ［怀香］

✤ 植物科别：伞形科
✤ 花期：6~8月

其英文名为"Fennel"。在欧洲，茴香被当作药草来使用，其种子可以用来制作健胃药。

力量、赞赏

078

Eryngium foetidum

刺芹 ［节节花］

✤ 植物科别：伞形科
✤ 花期：6~8月

花形独特，具有金属光泽。小花团簇成球形，周围包裹着一圈带刺的苞叶。

秘密的爱

079

Echinacea purpurea

紫松果菊 ［紫锥菊］

* 植物科别：菊科
* 原产地：北美洲
* 花期：6~9月

温柔、深刻的爱、品格高尚

北美土著居民被虫子叮咬后，会用紫松果菊来处理伤口，所以紫松果菊也被称作"印第安药草"。它具有提高免疫力的功效，备受医学界的期待。制作成切花时，经常会将紫色的花瓣去掉。

080

Viburnum plicatum

粉团荚蒾 ［日本绣球］

约定、发誓

❖ 植物科别：忍冬科
❖ 原产地：日本
❖ 花期：5~6月

粉团荚蒾是一种落叶灌木，纯白的球状花朵，在初夏蔚蓝天空的映衬下，显得尤为美丽。其野生品种"蝴蝶戏珠花"的花朵和绣球十分相似，是一种装饰花。所以粉团荚蒾的英文名叫作"Japanese snowball（日本绣球）"。树枝的分布也很美，入秋后，叶子还会染上动人的红色。

081

Aquilegia viridiflora

耧斗菜 ［猫爪花］

愚蠢

* 植物科别：毛茛科
* 原产地：亚洲、欧洲等地
* 花期：5~7月

现在日本被称为"西洋耧斗菜"的品种，其实是欧洲原产的"欧洲耧斗菜"和北美原产的几种大花品种杂交的产物。耧斗菜的同属原本就容易培育出杂种，所以有很多园艺品种。

082

Hydrangea macrophylla

山绣球

谦虚

* 植物科别：虎耳草科
* 原产地：中国、日本
* 花期：5～7月

山绣球是梅雨时节开花的代表性花树之一。生性强健，容易培育，只要注意不让它处于干燥的环境，无论是盆栽还是庭院，都很容易栽种。花色受土壤酸碱度的影响，呈现不同的颜色。一般而言，酸性土壤培育出来的山绣球呈蓝色，而中性至弱碱性的土壤培育出来的山绣球则呈红色。

083

Gypsophila paniculata

圆锥石头花　[满天星]

✿ 植物科别：石竹科
✿ 原产地：亚洲、欧洲等地
✿ 花期：5~7月

圆锥石头花，就是我们熟知的满天星。满天星种类丰富，主要分布在地中海沿岸到亚洲的区域内。它是一年生草本植物，株高可达1米左右，会开出无数白色花朵。满天星忌高温、多湿的环境，所以最好将它种植在排水良好的地方。

幸福、纯洁的爱

084

Zantedeschia aethiopica

马蹄莲 ［慈姑花］

❋ 植物科别：天南星科
❋ 原产地：南非
❋ 花期：5~7月

南非有6~8种原种。其中，除了喜潮湿多水的"马蹄莲（Aethiopica）"之外，其他种类都生长在排水良好的草地或岩石地，因此被称为"旱地性马蹄莲"。虽然它们在生长繁殖的过程中需要水，但是却不喜欢过度湿润或有积水的环境。经过品种改良，马蹄莲的花色较之前变得丰富。

少女的端庄

085

Kalmia latifolia

山月桂 ［美国石楠］

* 植物科别：杜鹃花科
* 原产地：北美洲
* 花期：5～7月

胸怀大志

梗细长，花冠呈皿状，通常呈玫瑰色，内部有紫色斑点。山月桂的构造十分有趣。仔细观察，会发现其雄蕊的顶端都收在花瓣的褶缝里。有昆虫飞来时，雄蕊会受到刺激，继而弹出花粉。

086

Campanula medium

风铃草

* 植物科别：桔梗科
* 原产地：欧洲南部
* 花期：5～7月

感谢、诚实

风铃草在欧洲拥有非常悠久的种植史。它的叶子像贴着地面一样蔓延开来，随后，花茎从中间直直地伸出来。花茎顶端有分枝，各个枝头都会向上开出一朵大约5～7厘米长的吊钟状花朵。花色缤纷多彩，有白色、粉色和紫色。

087

Cosmos sulphureus

黄波斯菊 ［黄芙蓉］

野生之美

❖ 植物科别：菊科
❖ 原产地：墨西哥
❖ 花期：6~10月

黄波斯菊和波斯菊虽然是同属，但其黄色的花朵却给人留下了不同的印象。在墨西哥的野生地，黄波斯菊的生长高度要比波斯菊低，但它生性强健，即便放任不管，也会顽强盛开。所以，和波斯菊一样，黄波斯菊也经常被种植在开阔的地域，从而营造非常壮观的景观。

088

Nerium oleander

欧洲夹竹桃

危险的爱

✤ 植物科别：夹竹桃科
✤ 原产地：地中海地区
✤ 花期：7~9月

叶似竹，花似桃，所以被称作"夹竹桃"。欧洲夹竹桃拥有很强的抵抗大气污染的能力，所以经常被种植在道路两边，用来绿化城市。修剪时，切口处流出来的白色乳液中含有毒素，所以请务必小心，不要直接接触皮肤。

089

Aster tataricus

紫菀 ［青菀］

❊ 植物科别：菊科
❊ 花期：8～11月

花茎笔直或带有一点弧度地向上伸展，行至顶部时，分裂出许多纤细的分枝，开出无数小花。

一见钟情

090

Guzmania

果子蔓 ［西洋凤梨］

❊ 植物科别：凤梨科
❊ 花期：5～10月

果子蔓是生长在热带雨林中的附生植物。其植株中红色、黄色、紫色等色彩鲜艳的部分往往会被误认为是花，但其实这是它的叶子。

理想的夫妇

091

Grammatophyllum

巨兰

✤ 植物科别：兰科
✤ 花期：6~9月

巨兰是市场上可见到的植株最大的兰花。鳞茎又粗又长，靠近顶部的地方伸出花芽开花。

友情

092

Silene gallica

蝇子草

✤ 植物科别：石竹科
✤ 花期：5~7月

蝇子草大多生长在高山的岩石地或海岸边。栽培时，应选择日照充足和排水良好的地方。

伪装的爱

093

Gladiolus gandavensis

唐菖蒲 ［十样锦］

回忆、幽会

- 植物科别：鸢尾科
- 原产地：南非
- 花期：6~9月

唐菖蒲为夏天的花坛增添了一抹色彩，深受人们喜爱。横向排列的花朵，逐一向上绽放，这样的姿态在花坛中格外引人注目。伸长的花穗和像剑一样的硬叶，是其特征。学名在拉丁语中是"小小的剑"的意思，是根据叶子的形状来命名的。

094

Craspedia globosa

金槌花 [黄金球]

- 植物科别：菊科
- 原产地：澳大利亚
- 花期：6~8月

> 永久的幸福

金槌花不耐寒，所以生活在温暖地区的人们常把它当作多年生草本来栽培，而生活在寒冷地区的人们，则把它当作一年生草本来栽培。金槌花花形独特，像敲击大鼓的鼓槌一般。它的花朵持久性好，所以是非常受欢迎的干花素材。此外，即便是种植在花坛中，金槌花也非常抢眼。

Curcuma petiolata

女王郁金

> 沉迷于你的姿态

* 植物科别：姜科
* 原产地：亚洲热带地区
* 花期：5~10月

在姜黄属的植物中，有很多都像姜黄一样，不仅可食用，也可药用。因为不耐寒，所以人们一般都把女王郁金当作春植球根花卉来种植。女王郁金白色或粉色的美丽花苞相互交叠，呈现像火炬一样的形状，而真正的花则藏于花苞之间，低调开放。

Gloriosa

嘉兰 ［变色兰］

荣耀、勇敢

* 植物科别：百合科
* 原产地：亚洲热带地区、非洲
* 花期：7~9月

嘉兰是春植球根花卉，从热带非洲到热带亚洲，分布着约10个品种。叶尖的卷须会攀附周围的物体，并伸出藤蔓。球根中含剧毒，误食后会引发中毒，所以触摸时请务必小心。

097

Cosmos bipinnata

波斯菊 ［大波斯菊］

✤ 植物科别：菊科
✤ 原产地：墨西哥
✤ 花期：6～10月

波斯菊是日本秋天的风景线，除了粉色和白色以外，深红色、黄色、橙色、复色也相继登场，花色逐年增加，愈加五彩缤纷。波斯菊生性强健，只要日照充足、通风好，就可栽种，不挑剔土质。

少女的真心、少女的纯洁

098

Sandersonia aurantiaca

宫灯百合 [圣诞百合]

福音、思乡

* 植物科别：百合科
* 原产地：南非
* 花期：6~7月

亮橙色的袋状花朵，如灯笼一般悬挂在柔和的绿叶之间。如此可爱的花姿，让人怜爱不已。宫灯百合不耐夏天高温多湿的气候，所以最好将其置于半日阴的地方，确保凉爽。至于浇水，等土壤表面变干后，再浇足水即可。

099

Ixora chinensis

龙船花 [山丹]

❖ 植物科别：茜草科
❖ 原产地：中国、马来西亚
❖ 花期：5～10月

> 热烈的思念、精神饱满

一般认为，龙船花是从中国经由琉球传入日本的。传入之初，人们称其为"三段花"。龙船花生性强健，且开得饱满，鲜艳的红色或橙色小花连成穗状，散发出些许异国情调。浓绿的叶子，鲜红的花朵，由此形成绝美的对比。

100
Digitalis

洋地黄 ［吊钟花］

❉ 植物科别：玄参科
❉ 原产地：欧洲
❉ 花期：5～6月

> 不诚实、
> 无法隐藏的爱

形似铃铛的花朵连成穗状，花茎优雅地伸长出来。整株植被都有毒，但是只要不入口，就无关紧要。洋地黄自古以来就是著名的药草，常被用于制造强心、利尿的药物。

101

Iris germanica

德国鸢尾

激情、热烈的思念

* 植物科别：鸢尾科
* 原产地：欧洲
* 花期：5~6月

德国鸢尾的花色丰富多彩，所以也被称为"彩虹花"。在鸢尾属的所有植物中，数德国鸢尾最为华丽，品种也最为丰富。色泽鲜艳的花，宛如穿着裙子跳舞的优雅贵妇。

102

Zinnia elegans

百日菊 ［百日草］

✤ 植物科别：菊科
✤ 原产地：墨西哥
✤ 花期：5～10月

说到百日菊，人们往往会联想到旧时的盆花和供花。最近，花坛、盆栽等也开始纷纷使用矮化（使用药剂使花整体变得矮小）后的百日菊。正如名字中"百日"所表达的那样，百日菊的花期很长，能一批接一批不停地开放。

思念友人

Paeonia lactiflora

芍药 ［将离］

腼腆、羞涩

* 植物科别：芍药科
* 原产地：中国
* 花期：5~6月

正如"立如芍药，坐如牡丹"所描绘的那样，芍药是华丽高雅的，通体散发着高贵之美。它于日本平安时代之前作为药草从中国传入日本。近年来，欧洲培育的西洋芍药越来越多地走入人们的视线，花瓣多、香气浓的品种也在不断增加。

Scabiosa atropurpurea

紫盆花 ［松虫草］

> 失去的爱、风雅

❖ 植物科别：忍冬科
❖ 原产地：欧洲南部
❖ 花期：5~9月

紫盆花的日语名是"松虫草"，据说是因为紫盆花的花期正好是金琵琶（日语中为"松虫"）鸣叫的时期。成片开放的紫盆花在高原的风中摇曳，将人带入一种别有风味的意境。紫盆花向来是俳句[1]吟咏的对象，现在常被用于和秋天相关的季节谚语中。紫盆花大约有80个品种，广泛分布在亚洲、欧洲、非洲等世界各地。

注：①日本的一种古典短诗。

105

Nymphaea

睡莲 ［子午莲］

✤ 植物科别：睡莲科
✤ 原产地：热带、温带地区
✤ 花期：6~8月

睡莲生长于热带、温带地区的池塘内，因入夜后花会闭拢，所以得名"睡莲"。学名"Nymphaea"源自希腊神话中的水精灵"宁芙"。著名画家莫奈钟爱睡莲，这也让睡莲变得更加广为人知。

清纯的心

Ribes rubrum

红醋栗 ［红加仑］

我会让你开心

* 植物科别：茶藨子科
* 原产地：欧洲、亚洲北部
* 花期：5～6月

红醋栗是果树，成熟的果实可制成果酱、果冻等。在花店，经常可以看到带着枝叶的红醋栗。果实在成熟之前呈半透明的绿色，晶莹美丽；成熟后，则会变成鲜艳的红色。果实破裂后喷出的汁水若溅到了衣服上，会留下污渍，请务必小心。

Spathiphyllum

白鹤芋［白掌］

高雅的淑女、纯净的心

✤ 植物科别：天南星科
✤ 原产地：美洲热带地区
✤ 花期：5～10月

白鹤芋生性强健，容易栽种。洁白似花瓣的部分，高雅优美，但实际上它并不是花，而是叫作"佛焰苞"的苞片。花朵数量众多，均密集地分布在棒状部分的肉穗花序中。如果条件合适，白鹤芋可以全年开花。

108

Cotinus coggygria

黄栌［烟树］

❀ 植物科别：漆树科
❀ 花期：6~7月

黄栌是初夏开花的代表性花树之一，从远处看，仿佛笼罩在烟雾中一般。和漆树是同属。

> 笼罩在烟雾中

109

Gomphrena globosa

千日红［火球花］

❀ 植物科别：苋科
❀ 花期：6~11月

园艺品种的花形、花色、叶形、花姿各不相同。可在业余爱好者协会观赏到的品种，富于变化。

> 不褪色的爱、不朽

110

Swertia japonica

日本獐牙菜

✣ 植物科别：龙胆科
✣ 花期：8～11月

日本獐牙菜自古以来就是健胃药等民间秘方的使用药材。"即便在热水中熬煮千次，仍留有苦味"，所以在日语中也叫作"千振①"。

关爱弱小的心

111

Lilium hansonii

汉森百合 ［竹岛百合］

✣ 植物科别：百合科
✣ 花期：6～7月

汉森百合和轮叶百合是近亲。花姿健壮，生性强健。一根花茎上会长出5～10朵花。花朵均略微向下开放。

纯粹

注：①煎药、熬药所对应的日语是"振出"。

Jacobaea maritima

银叶菊 ［白妙菊］

感谢、优雅、华丽

* 植物科别：菊科
* 原产地：巴西
* 花期：6～7月

银叶菊为菊科同伴，黄色的花朵娇小可爱。全株呈白色，所以日文名叫作"白妙菊"。英文名为"Dusty Miller"，即"覆满粉尘的磨坊"之意。全株仿佛覆盖着粉尘一样，故得此名。

113

Alcea rosea

蜀葵 ［一丈红］

野心、大志

✤ 植物科别：锦葵科
✤ 原产地：中国
✤ 花期：6～8月

蜀葵全株笔挺，所以在日本被称作"立葵"。花茎高于成年人的身高，花朵呈穗状附于其上。6月上旬，花穗下部开始开放，而后由下往上，逐次绽放。等完全开放，已到出梅之时。

114

Dahlia pinnata

大丽花 ［天竺牡丹］

支持你

* 植物科别：菊科
* 原产地：墨西哥、危地马拉等地
* 花期：7～10月

大丽花的命名是为了纪念瑞典植物学家安德斯·达尔（Anders Dahl）。大丽花品种非常丰富，有华丽的大型花、优雅的中型花、可爱的小型花，花瓣有单瓣的，也有富于变化的。其中，能像树般茁壮成长的帝皇大丽花以及散发着巧克力香味的品种更是独一无二。

115

Tillandsia Cyanea

紫花凤梨 ［铁兰］

不屈

* 植物科别：凤梨科
* 原产地：中南美洲
* 花期：7~8月

一眼望去，硕大的桃红色苞片仿佛塑料制成的一般，紫色的花朵从苞片内逐一开放，十分美丽。紫色的花寿命较短，但苞片的观赏期却有两个月之长，这也是紫花凤梨的魅力所在。虽然和只靠空气中的水分生长的空气凤梨是同属，但其栽培方法和普通的植物并无二致。

116

Polianthes tuberosa

晚香玉 ［夜来香］

* 植物科别：石蒜科
* 花期：7~9月

有人认为晚香玉的学名是由希腊语中意为"白色"的"Polios"和意为"花"的"Anthos"复合而成的。

危险的关系

117

Clematis texensis

德克萨斯铁线莲

* 植物科别：毛茛科
* 花期：6~10月

德克萨斯铁线莲是铁线莲的一个杂交品种。无论是西式插花，还是日式插花，它都能和其他花卉相得益彰，十分贵重。

旅人的喜悦

118

Dianthus

石竹球 ［绿毛球］

* 植物科别：石竹科
* 花期：5～7月

一眼望去，石竹球就像绿球藻或青苔一样，令人印象深刻。但是它和康乃馨一样，同属石竹科。

［信任、爱］

119

Dendrobium phalaenopsis

蝴蝶石斛 ［秋石斛］

* 植物科别：兰科
* 花期：6～9月

蝴蝶石斛是石斛花的一种杂交品种，因花朵形似蝴蝶兰（Phalaenopsis）而得名。

［天造地设的一对］

Delphinium grandiflorum

翠雀 ［鸽子花］

❈ 植物科别：毛茛科
❈ 原产地：欧洲南部
❈ 花期：5~6月

清透

翠雀是一种多年生草本植物，大约有250个品种，分布在欧洲、北美等地的山区。因生于山间阴凉之地，所以忌炎热。学名源自希腊语"Delphis"，意为"海豚"，因为其花形和海豚的鼻子十分相似。

Passiflora caerulea

西番莲 ［转心莲］

神圣的爱、信仰

✤ 植物科别：西番莲科
✤ 原产地：南美洲
✤ 花期：5～10月

花形独具个性，似钟表盘。大约有500个品种，主要分布在美洲热带地区。除了观赏用的品种外，还有像百香果一样果实很美味的可食用的品种。

122

Aconitum carmichaelii

乌头

* 植物科别：毛茛科
* 花期：8~10月

花形似舞乐时用的头盔（在日语里写作"鸟兜"），所以在日本俗称"鸟兜"。花、叶、茎均有毒，所以处理时请务必戴好手套。

骑士风度、荣耀

123

Catharanthus roseus

长春花 ［日日草］

* 植物科别：夹竹桃科
* 花期：6~9月

从初夏开始到秋天，每天都开花，一日不休，所以又被称作"日日草"。长春花抵抗大气污染的能力很强。

快乐的回忆

124

Eucomis comosa

菠萝花　[凤梨百合]

❋ 植物科别：风信子科
❋ 花期：7～8月

菠萝花是风信子科的植物，和凤梨科的菠萝毫无关系。因为是多年生草本植物，所以每年都能观赏。

完美、完整

125

Nelumbo nucifera

水芙蓉　[莲花]

❋ 植物科别：莲科
❋ 花期：7～9月

结果实的花托内有很多孔洞，状似蜂窝，所以在日语里被叫作"HASU①"。

纯净的心灵、神圣

注：①日语中蜂窝也读作"HASU"。

126

Hibiscus rosa-sinensis

朱槿 ［扶桑］

✤ 植物科别：锦葵科
✤ 原产地：中国
✤ 花期：5~11月

花色鲜艳，有红色、黄色、白色、粉色、橙色等，十分有魅力。然而，花朵的寿命却非常短暂，基本只有一天。人们一般喜欢栽种朱槿的盆栽，其中大部分都使用了矮化剂，株高30厘米左右的最为常见。

纤细之美、新恋情

127

Iris ensata

花菖蒲

- 植物科别：鸢尾科
- 花期：6~7月

花菖蒲是开于初夏至梅雨期间的花卉。它的很多品种都是在日本江户时代被培育出来的。

> 好消息

128

Rosa rugosa

玫瑰

- 植物科别：蔷薇科
- 花期：5~8月

玫瑰花为单瓣粉色花卉，开于春天。长满刺的枝条可生长至150厘米左右。

> 悲伤又美丽

129

Heliopsis helianthoides

日光菊 ［赛菊芋］

❖ 植物科别：菊科
❖ 花期：6~10月

日光菊是一种强健的宿根花卉，在炎热的夏天也会开放。开花数量多，花朵比向日葵小很多。

憧憬、崇拜

130

Amaranthus caudatus

尾穗苋 ［仙人谷］

❖ 植物科别：苋科
❖ 花期：8~10月

自印加文明时代起，南美人便开始食用尾穗苋的种子了，这种种子中含有丰富的钙等营养元素。

顽强的精神

131

Helianthus annuus

向日葵 ［太阳花］

> 我的眼里只有你

* 植物科别：菊科
* 原产地：北美洲
* 花期：7～9月

向日葵是一种开朗、给人以活力的植物，可制成切花装饰房间，也可以种植在庭院里。除了观赏用途之外，它的种子还可以炒着食用，或榨油，用途非常广泛。此外，它还可以用作饲料。学名是希腊语中"太阳（Helios）"和"花（Anthos）"的复合语。

Hydrangea paniculata

圆锥绣球

* 植物科别：虎耳草科
* 原产地：中国、日本
* 花期：7~9月

志同道合者

花朵呈圆锥形，似金字塔，所以在日本又被叫作"金字塔绣球"。圆锥绣球的特征是花朵大，形状独特，且入秋后会渐变成枯叶色。开花时间比绣球晚，在缺少花的夏季，圆锥绣球非常可贵。

133

Gomphocarpus fruticosus

钉头果 [气球花]

* 植物科别：萝藦科
* 花期：8~10月

钉头果是一种观赏用的植物，果实十分独特，表面带刺，呈袋状。成熟后，带有绢质种毛的种子就会四处飞散。

隐藏的能力

134

Bupleurum rotundifolium

圆叶柴胡

* 植物科别：伞形科
* 花期：6~8月

叶子呈鲜艳的酸橙绿，开出黄色小花。入眼舒适，令人倍感清爽。

纤细之美

135

Trachymene coerulea

蓝饰带花 ［翠珠花］

✤ 植物科别：五加科
✤ 花期：5~6月

淡蓝色的蓝饰带花最为常见。花朵持久性佳，制成切花后，一年四季均可见。

> 优雅的举止、无言的爱

136

Phlox drummondii

小天蓝绣球 ［金山海棠］

✤ 植物科别：花荵科
✤ 花期：6~9月

品种繁多，既有一年生草本，也有多年生草本。花朵很美，所以有很多可供观赏用的品种。

> 达成一致、达成协议

137

Tweedia caerulea

蓝星花

❀ 植物科别：旋花科

❀ 原产地：巴西、乌拉圭

❀ 花期：5~10月

幸福的爱、
相互信任的心

蓝星花有5片蓝色的花瓣，宛如星星一般，所以经常被用于婚礼的花束。除此之外，市面上也有粉色、白色以及重瓣的花朵。有时候也被叫作"天蓝尖瓣木"。花茎会渗出白色液体，碰触后可能会引起瘙痒。

138

Plumeria rubra

鸡蛋花 ［印度素馨］

* 植物科别：夹竹桃科
* 原产地：美洲热带地区
* 花期：7～9月

> 温文尔雅、
> 受上天眷顾之人

学名中的"Plumeria"源自17世纪的法国植物学家查尔斯·帕鲁密尔（Charles Plumier）。夏威夷人特别钟爱它，常用它来制作花环。可以在公园、街道等很多地方看到它的身影。此花香气宜人，能令人安神放松。广泛地种植于热带地区。

139

Bessera elegans

墨西哥珊瑚坠子

优雅

* 植物科别：紫灯花科
* 原产地：墨西哥
* 花期：8～9月

花色呈亮丽的橙色，十分美丽。开花时，可爱的小花仿佛垂着头一般。花茎纤细，线条柔美，十分有魅力。墨西哥珊瑚坠子是春植球根植物，在晚夏至初秋时期开花。花色除了橙色之外，还有粉色。

140

Carthamus tinctorius

红花　[红蓝花]

包容力

✤ 植物科别：菊科
✤ 原产地：中亚地区
✤ 花期：5~7月

红花会在梅雨时期至出梅期间开出正黄色的花朵。其后，花色从黄色渐渐变为红色，这是它的一大特征。自古以来，人们就一直用它来制作染料和中药。除此之外，将其制成干花或切花，也别具韵味。

Heliconia metallica

蝎尾蕉［富贵鸟］

❄ 植物科别：芭蕉科
❄ 原产地：委内瑞拉
❄ 花期：6～9月

> 引人注目、焦点、
> 与众不同

长长的花茎从茎干伸出，顶端结出红色、黄色、橙色、绿色等颜色鲜艳的花穗。有些花穗向上生长，也有些向下耷拉。严格意义上来讲，鲜艳的部位并不是花，而是包裹着花的苞片。

142

Physalis alkekengi

酸浆 ［菇莺］

伪装、蒙骗

❖ 植物科别：茄科
❖ 原产地：中国
❖ 花期：6~7月

橙色的果实为炎热的夏夜增添了一抹色彩。据说酸浆的使命是充当灯笼，为使者引路。在日本，每到盂兰盆节，人们就会将其当作供花来装饰。此外，自平安时代起，酸浆也一直作为药物被使用。

143

Tricyrtis hirta

杜鹃草

* 植物科别：百合科
* 原产地：日本
* 花期：8~9月

永远属于你

杜鹃草是日本特有的多年生草本，主要生长于太平洋沿岸。花瓣的花纹和野生杜鹃鸟胸前的羽毛纹路相似，所以得名"杜鹃草"。杜鹃草常被置于茶室中，或用作插花素材。

144

Papaver somniferum

罂粟 ［阿芙蓉］

体贴、爱情的预感

* 植物科别：罂粟科
* 原产地：欧洲
* 花期：5~6月

罂粟是一种报春花，开于早春，花色丰富，有黄色、橙色、白色、红色、粉色等。花茎纤细，顶端开出色彩鲜艳的大花。从果实中提取的乳白色浆液自古便被用来制造麻醉药和安眠药。

145

Tagetes erecta

万寿菊 ［臭芙蓉］

❋ 植物科别：菊科
❋ 花期：6~10月

黄色或橙色的花朵，一朵接着一朵地开放。香味独特，有些品种还有助于预防并驱除其他植物的害虫。

嫉妒、绝望、悲伤

146

Ananas comosus

凤梨

❋ 植物科别：凤梨科
❋ 花期：5~8月

凤梨是小版的菠萝。菠萝的英文名称"Pineapple"原本指的是松塔。

完美无瑕

147

Mokara hybrid

莫氏兰

❖ 植物科别：兰科
❖ 花期：7~11月

莫氏兰是人工培育的兰花。花色美艳动人，花朵的持久性也很强，且价格适中，所以市场上可以看到很多莫氏兰的切花。

优美、文雅

148

Moluccella laevis

贝壳花 [领圈花]

❖ 植物科别：唇形科
❖ 花期：7~9月

白中带粉的花朵，散发出薄荷般的芳香，四周围绕着像吸盘一样的淡绿色花萼。

永远的感谢

149

Trachelium caeruleum

夕雾 ［喉管花］

温柔的爱、虚幻的爱

* 植物科别：桔梗科
* 原产地：地中海地区
* 花期：5~6月

正如其名"夕雾"所描绘的那样，花穗四周似有雾霭缭绕一般，很有厚重感。花朵齐放时，仿若云海。比起盆栽，夕雾更常用于制作切花，去除较大的叶子，可以让花朵不易枯萎，保持较长时间。

150

Lilium brownii

百合

纯洁、威严

* 植物科别：百合科
* 原产地：中国
* 花期：5～7月

百合是球根植物，很多品种都分布在北半球的亚热带或亚寒带地区，一般生长于山野的草地、海岸边的岩石地、沙地等排水良好且日照适度的地方。全球已发现有至少120个品种。近年更有不少经过人工杂交而产生的新品种，如亚洲百合、香水百合、火百合等。

151

Consolida ajacis

飞燕草

爽朗、轻快

* 植物科别：毛茛科
* 原产地：欧洲南部
* 花期：5～6月

花姿似燕子飞翔的姿态，所以叫作"飞燕草"。因为花朵后方突出来的花距和云雀（英文里写作"Lark"）的身长颇为相似，所以英文名叫作"Larkspur"。虽然国家不同，但二者比喻的对象却是同一类鸟。

Lantana camara

五色梅 ［五彩花］

❖ 植物科别：马鞭草科
❖ 原产地：南美洲、印度
❖ 花期：5~10月

变心、协作、达成一致

五色梅是原产于热带地区的花卉。开花时，腋芽不断增加，向两旁蔓延，花朵逐渐变大。在此过程中，花色会发生渐变，这也是五色梅的看点之一。这种花不会长太高，花朵一般偏小而量多。

153

Liatris spicata

蛇鞭菊 ［麒麟菊］

❖ 植物科别：菊科
❖ 原产地：美国
❖ 花期：6～9月

蛇鞭菊于20世纪20年代后期从美国传至日本。花如蓟，叶似百合，所以在日本也被叫作"百合蓟"。蛇鞭菊性耐寒，容易栽培，即便种在庭院中放任不管，每年也会照常开放。花色有紫色、粉色和白色。主要用作供花、插花等。

炽热的思念、上进心

154

Begonia

丽格海棠 ［玫瑰海棠］

暗恋、爱的告白

✣ 植物科别：秋海棠科
✣ 原产地：园艺品种
✣ 花期：6～9月

花形多样，多为重瓣，花色丰富，有红色、橙色、黄色、白色等，花朵硕大、色彩艳丽，具有独特的姿、色、香。性喜温暖、湿润、半荫环境。现在，除了最开始的品种外，还出现了很多其他品种，它们统称为"秋海棠杂种群"。

155

Sanguisorba officinalis

地榆 ［吾亦红］

变化、思虑

✤ 植物科别：蔷薇科
✤ 原产地：亚欧大陆温带地区
✤ 花期：7～10月

地榆是日本山野间一种非常常见的植物。多年生草本，根粗壮，茎直立，穗状花序呈圆柱形或卵球形，直立，通常为1～3厘米。在日语中也写作"吾亦红""吾木香"等。有人认为，之所以这么命名，是因为人们在它身上寄托了"我也想这样"的情感。

关于花的小知识 2

玫瑰的历史和品种改良

　　为了追求最极致的美，众多育种家对玫瑰进行了各种各样的品种改良。接下来，就让我们一起追溯一下玫瑰的历史吧。

　　拿破仑的第一任皇后、法兰西第一帝国的第一位皇后约瑟芬用财富和权力命人修建了玫瑰园。据说在19世纪初的时候，那里已收集了来自世界各地约250种玫瑰。当时的玫瑰是一种被叫作"传统玫瑰"的品种。玫瑰园的管理员安德烈·杜邦是第一个将"传统玫瑰"和其他品种进行杂交的先驱。之后，人们开始大量培育新品种。

　　1867年，法国园艺家吉略特培育出了一种叫作"La France"的品种，在它之后诞生的玫瑰被称为"现代玫瑰"。和一年只开一次的"传统玫瑰"不同，很多"现代玫瑰"都是一年四季都开花，观赏时间比较久。

　　到了20世纪70年代，英国育种家大卫·奥斯汀开始致力于开发"传统玫瑰"和"现代玫瑰"的杂交品种，并最终培育出了兼具两者魅力的"英格兰玫瑰[①]"。其特征是花姿优美，香味浓郁，生性强健，容易栽培。

　　经历了这些品种改良，人们现在才得以在花店购买到各种类型的玫瑰，比如一根花茎开一朵花的标准玫瑰或开出很多小花的多头玫瑰等，请从众多玫瑰中找到自己喜欢的那一款吧。

注：①英格兰玫瑰：一般被称为"大卫·奥斯汀玫瑰"。

Flower's Dictionary
PART 03

秋

156

Hydrangea macrophylla

秋色绣球

* 植物科别：虎耳草科
* 花期：9～11月

如果像普通绣球花那样一直开放，9月以后，花色就会渐渐变暗，发生变化，因此得名"秋色绣球"。

活力四射的女性、不专一、见异思迁

157

Cucurbita pepo

玩具南瓜

* 植物科别：葫芦科
* 花期：9～11月

玩具南瓜常被用来装点万圣节。既有观赏用的，也有食用的，尺寸大小也有很多种类。

坚固

158

Castanea crenata

日本栗

- 植物科别：壳斗科
- 花期：8~11月（结果期）

日本栗的果实是秋天必不可少的食材，向来深受日本人民的喜爱，甚至还能在遗迹中看到它的身影。

奢侈、满意

159

Celosia cristata

鸡冠花 ［老来红］

- 植物科别：苋科
- 花期：7~11月

花色如火焰般鲜亮，是装点花坛的代表性花卉之一。形似鸡冠，所以得名"鸡冠花"。

时尚、博爱

Gossypium spp

棉花

优秀

* 植物科别：锦葵科
* 原产地：印度、阿拉伯
* 花期：9~11月

花朵凋谢后大约一个月，果实就会裂开，露出棉花球。独特的形态备受人们的喜爱。形似扶桑的花朵也十分美丽。果实可用来装饰圣诞花环。除了白色以外，也有绿色和咖啡色的棉花。

161

Punica granatum

石榴　［丹若］

成熟的爱

* 植物科别：石榴科
* 原产地：巴尔干半岛至伊朗及其邻近地区
* 花期：9～10月（结果期）

果树可供观赏，果实可供食用。品种除了普通的石榴之外，还有植株矮小、果实也小的花石榴。树皮和根皮皆具药效，是常用的中药材。树枝上长有像玫瑰一样的刺，所以碰触时，请务必小心，注意不要受伤。

162

Salvia splendens

一串红 ［象牙红］

✤ 植物科别：唇形科
✤ 原产地：巴西
✤ 花期：7~10月

花色呈红色，鲜艳如火，这是一串红独有的姿态。在秋天的花坛中，一串红十分夺人眼球，常被用作主体材料。花期长，容易栽培。大部分为宿根花卉，但也有两年生草本和灌木。用途广泛，可观赏，也可作药草。

> 炽热的思念之情

163

Camellia sasanqua

茶梅 ［茶梅花］

* 植物科别：山茶科
* 花期：10～12月

茶梅属于山茶科，是日本特有的品种。野生品种于10月至12月期间开花，是人们非常喜爱的晚秋花。

理想的爱

164

Smilax glabra

土茯苓

* 植物科别：百合科
* 花期：10～12月（结果期）

土茯苓的特征是富有光泽的红色果实。据说，入山的病人食用了土茯苓之后，药到病除，健康的从山里回来了，所以在日本又被称作"山归来"。

不屈的精神

165

Cyclamen persicum

仙客来 ［篝火花］

❖ 植物科别：报春花科
❖ 花期：10月～次年3月

有些品种拥有黄色、紫色等罕见的花色，有些品种散发怡人的芳香。这种花每年都有新品种被培育出来。

羞涩

166

Anemone hupehensis

打破碗花花 ［秋芍药］

❖ 植物科别：毛茛科
❖ 花期：8～10月

花姿优雅，能让人感受到秋天的风情。和冠状银莲花等一样，都属于毛茛科。

逐渐淡漠的爱

167

Saintpaulia ionantha

非洲堇 ［圣保罗］

❊ 植物科别：苦苣苔科
❊ 原产地：非洲热带地区
❊ 花期：9月~次年6月

小小的爱

非洲堇生长在非洲热带地区的高山地带，在全世界拥有众多的爱好者。据说根据花色、花姿、花形、叶形等分类，可分出15000个品种。在舒适的环境中生长最快，一年四季都能观赏。

168

Sarcandra glabra

草珊瑚 ［接骨金粟兰］

利益、财富

* 植物科别：金栗兰科
* 原产地：东亚温带、热带地区
* 花期：11月~次年1月（结果期）

草珊瑚的果实是正月花饰中必不可少的材料。冬天花卉较少，草珊瑚却红珠满树，因此常被当作吉祥物而备受重用。除了红色的果实之外，有些品种还会结出黄色的果实。

169

Solidago canadensis

加拿大一枝黄花 [黄莺]

> 永远的少年

- 植物科别：菊科
- 原产地：北美洲
- 花期：9~11月

加拿大一枝黄花常见于城市的空地或荒地。开花时间早，花量多，可用作切花素材。不仅可以露天栽培，还可以通过调整花期延长上市时间。秋天插花时，加拿大一枝黄花和其他所有花卉都能相得益彰，非常珍贵。

170

Nerine sarniensis

娜丽花 ［钻石水晶］

期待再次相逢

* 植物科别：石蒜科
* 原产地：南非
* 花期：10～12月

花形和彼岸花很相似，所以在日本一直不太受欢迎。但是，欧美国家却对它进行了大量的品种培育。花瓣闪闪发光，所以得"钻石水晶"之爱称。近年来，它的切花和盆栽在日本也开始受到了关注。

171

Caryopteris incana

兰香草 ［山薄荷］

* 植物科别：马鞭草科
* 原产地：中国、日本
* 花期：9～10月

暗恋、
爱的告白

兰香草是多年生草本，常见于大海附近日照条件好的悬崖或石山的陡坡上。全身覆盖着柔软的毛，花茎笔直。花朵密集地生长在花茎顶部叶子的旁边。茎叶揉碎之后有薄荷香气，故又名"山薄荷"。

172

Brassica oleracea

羽衣甘蓝 ［叶牡丹］

祝福、利益

✣ 植物科别：十字花科
✣ 原产地：欧洲
✣ 花期：11月～次年3月（观赏期）

羽衣甘蓝是卷心菜的同类，观赏时间可从冬天持续到春天，自江户时代传入日本。传入之初，仅供食用，但后来经过一系列改良，培育出了观赏品种。日本的羽衣甘蓝拥有世界上最为丰富的血统。市面上流通的羽衣甘蓝一般是幼苗和盆栽，有时候也会看到花茎拔长的切花。

Viola tricolor

三色堇 ［蝴蝶花］

> 思虑、请想念我

❀ 植物科别：堇菜科
❀ 原产地：欧洲
❀ 花期：11月～次年5月（观赏期）

三色堇是欧洲常见的野花物种，也常栽培于公园中。通常每朵花有紫、白、黄三色，故名三色堇。现在，通过复杂的杂交，培育出了许多园艺品种。多数品种的花期很长，可从秋天持续到次年春天。三色堇是风景萧瑟的冬日花园中必不可少的花卉。

Hypericum monogynum

金丝桃 ［金丝海棠］

悲伤终将结束

* 植物科别：藤黄科
* 原产地：中国
* 花期：9～10月（结果期）

金丝桃会在花卉较少的6月至7月期间开出金黄色的花朵，花期很长。经常在花店看到的金丝桃的切花，是上面结着红色、绿色、橙色等可爱果实的部分。结着果实的金丝桃一年四季均有售，所以常被用作插花素材。

175

Eupatorium japonicum

白头婆

犹豫、迟到

* 植物科别：菊科
* 原产地：中国、朝鲜半岛等地
* 花期：8~9月

在日本，白头婆和胡枝子、桔梗、女郎花等并称为"秋之七草"，自古以来便深受人们的喜爱。在晚夏至初秋期间，可在湿润的草原或树林看到它的身影。白头婆干燥后，会散发如樱饼①一般的香味。

注：①一种日本小点心。用粉红色的糯米类外皮，包上豆馅，最外层围上一枚樱叶子。

176

Bouvardia

寒丁子 ［蟹眼］

❖ 植物科别：茜草科
❖ 原产地：墨西哥、美国中部地区
❖ 花期：10～12月

> 交流、深交、激情

学名源自法国皇室的庭院长查尔斯·布瓦（Charles Bouvard）。花朵呈十字形，特征明显。开花方式也很有特点，一般是10～30朵小小的花朵簇成一团。经常被制作成切花，用于花束或插花。

177

Euphorbia pulcherrima

一品红 ［猩猩木］

✤ 植物科别：大戟科
✤ 原产地：墨西哥
✤ 花期：11月~次年1月

红色或白色部分不是花朵，而是苞片，苞片中心的小黄花才是花朵。一品红原产于中美洲墨西哥塔斯科地区，1825年由美国驻墨西哥首任大使约尔·波因塞特引入美国。

祝福、祈求好运

178

Argyranthemum frutescens

玛格丽特花 ［木茼蒿］

* 植物科别：菊科
* 原产地：加那利群岛
* 花期：11月~次年5月

> 恋爱占卜、
> 真实的爱、信任

玛格丽特花一直被用于恋爱占卜。花色有白色、黄色和粉色，十分受欢迎。原产于大西洋上的北非加那利群岛，17世纪末传入欧洲，并在法国进行了品种改良，适合盆栽、种在庭院里或制成切花。

179

Chrysanthemum

菊花

> 高贵

* 植物科别：菊科
* 原产地：中国
* 花期：10~11月

菊花具有悠久的历史，是传统园艺植物。在菊花展上，可以欣赏到各种花姿端正的菊花。自从引进欧美培育的多花菊之后，菊花就经常被用于花束和插花，现在也是重要的切花品种。

180

Gentiana scabra

龙胆

正义、诚实

* 植物科别：龙胆科
* 原产地：亚洲
* 花期：9~11月

龙胆是秋天野草中具有代表性的花卉，也是众所周知的药草。春天长出像竹叶一样的叶子，过了夏天，花茎会倒下，并于秋末露出小小的花蕾。花蕾卷成漩涡状，在阳光的照耀下渐渐变得饱满，最后开出几朵蓝紫色的筒状花朵。

Flower's Dictionary
PART 04

冬及全年

Aloe vera

芦荟

万能

* 植物科别：百合科
* 原产地：非洲
* 花期：12月～次年3月

非洲大陆上分布着约200种芦荟，尤其是南非，有很多野生品种。花茎从枝茎顶端的叶子根部伸出，其顶端又会生出许多筒状的橙色花朵。品种不同，刺、叶子的生长方式等也有所不同。芦荟是著名的药用植物，人们常说有了它，就不需要医生。

182

Erica

欧石楠 ［艾莉卡］

孤独

❖ 植物科别：杜鹃花科
❖ 原产地：欧洲、南非
❖ 花期：由品种决定

树枝上开满小花，所以整体看上去十分壮观。每一朵花也都非常可爱且个性十足。品种不同，花期也有所不同，大致可分为春开品种、夏秋开品种、冬开品种和不定期开品种四类。

183

Epidendrum

美洲石斛

* 植物科别：兰科
* 原产地：中南美洲
* 花期：不定期

美洲石斛是一种广泛分布在中南美洲的兰花。日本市场上流通的一般是美洲石斛的杂交品种。花色原本主要是橙色，但随着品种不断改良，色彩逐渐增加，现在已经可以观赏到五颜六色的球状花朵了。

> 判断力

184

Oncidium

文心兰 ［金蝶兰］

* 植物科别：兰科
* 原产地：中南美洲
* 花期：不定期

可爱、一起跳舞

文心兰最为人所熟知的便是华丽的黄色花朵。此花品种丰富，既有香气宜人的小型花，也有数量繁多的大型花，多数都是容易培育、容易开花的洋兰。

185

Gerbera jamesonii

非洲菊 ［扶郎花］

神秘、崇高美

✤ 植物科别：菊科
✤ 原产地：南非
✤ 花期：全年

非洲菊浑身都散发着活泼开朗的气质。叶子同蒲公英的叶子一样，覆盖在地面上，只有花茎向上生长、开花。通过品种改良，非洲菊几乎每年都有新品种诞生。花形丰富多彩，有单瓣、重瓣、放射形和半重瓣等，十分有魅力。

186

Matricaria recutita

母菊 ［洋甘菊］

* 植物科别：菊科
* 花期：全年

可爱的白色花朵，散发着苹果般的清香。在欧洲，人们一直把它当作药草茶来饮用。

> 不畏逆境

187

Kalanchoe blossfeldiana

圣诞伽蓝菜 ［长寿花］

* 植物科别：景天科
* 花期：1～5月

圣诞伽蓝菜是多肉植物，耐干燥，容易栽培。五彩缤纷的花朵，美丽可爱的叶子，妙趣横生的花姿，品种繁多，富于变化。

> 宣告幸福

188

Cyrtanthus breviflorus

垂筒花 ［曲管花］

✤ 植物科别：石蒜科
✤ 花期：全年

垂筒花是球根植物，在南非大约有50个野生品种。单朵非常娇小可爱，簇生在花坛中，却十分壮观。

容易害羞的人

189

Helleborus×hybridus

圣诞玫瑰

✤ 植物科别：毛茛科
✤ 花期：12月~次年4月

圣诞玫瑰是深受人们喜爱的多年生草本，大部分都是常绿植物，但也有落叶植物。无论是花色还是花形，都丰富多变。

犹豫、矛盾

190

Phalaenopsis aphrodite

蝴蝶兰

* 植物科别：兰科
* 原产地：热带、亚热带地区
* 花期：不定期

幸福向你飞来

蝴蝶兰是原产于东南亚的附生兰花，叶子大而肥厚，生长过程中会将水分和养分蓄积在其中。蝴蝶兰畏惧冬天的寒冷，所以需要严加注意。夏天气温上升后，叶子和植株都会快速生长。花朵可以维持很长时间，能观赏2～3个月。

191
Pericallis × hybridus

瓜叶菊 ［富贵菊］

永远开心

* 植物科别：菊科
* 原产地：北非等地
* 花期：1～4月

瓜叶菊大约有14个品种，分布在加那利群岛等地。于1877年传入日本，是早春至春天最具代表性的盆栽花卉之一。五颜六色的花朵开成密密麻麻的一片，是深受人们喜爱的春日室内盆栽花卉。

192

Cymbidium

虎头兰

✤ 植物科别：兰科
✤ 花期：12月~次年3月

虎头兰是生长在东南亚至日本的原种通过人工杂交培育出的洋兰。和其他兰花相比，虎头兰更加强健、更加耐寒。

> 未经修饰的心、朴素

193

Narcissus

水仙 ［凌波仙子］

✤ 植物科别：石蒜科
✤ 花期：11月~次年4月

水仙是日本的本土植物。正月里，人们往往会用切花做装饰，而水仙正是人们非常喜爱的冬季花卉。

> 自负、自恋

194

Galanthus nivalis

雪花莲［待雪草］

✣ 植物科别：石蒜科
✣ 花期：2～3月

雪花莲白色的花朵在花茎顶端独自开放，低垂着的姿态犹如雪水滴落的瞬间，散发光泽的叶子十分清秀可爱。

> 希望、慰藉

195

Tulbaghia violacea

紫娇花［非洲小百合］

✣ 植物科别：石蒜科
✣ 花期：由品种决定

紫娇花为多年生草本植物，球根花卉。花朵可爱，花香也十分诱人。

> 余香、小小的背叛

196

Camellia japonica

山茶 ［山椿］

低调的温柔

* 植物科别：山茶科
* 原产地：中国
* 花期：全年（盛开期为1~4月）

叶子深绿有光泽，花朵开于花卉较少的冬天，所以又被称作"茶花女王"。山茶花的花朵虽然美丽，但凋谢时花柄会"啪"地断裂，被视为"不祥之兆"，因此一般不会用作赠礼。

Tropaeolum majus

旱金莲 ［金莲花］

爱国心、克服困难

* 植物科别：旱金莲科
* 原产地：秘鲁、巴西等地
* 花期：全年

花色呈金黄色，所以又被称作"金莲花"。叶子、花朵、果实、种子酸辣兼具，可作食用，经常被用于制作沙拉或装饰菜肴。香气独特，据说能让蚜虫敬而远之。旱金莲有时也会被用作共生植物。

198

Sorbus commixta

七灶花楸

* 植物科别：蔷薇科
* 原产地：日本、朝鲜半岛等地
* 花期：9～11月（结果期）

慎重、贤明

名字里之所以有"七灶"两个字，是因为其材质十分坚硬，不易燃烧，甚至放入灶中七次，也无法燃烧殆尽，仍有残留。春天开出白色的花朵，秋天结出红色的果实。入冬后，叶子凋零，徒留红色的果实，别有一番风味。

199
Cypripedium corrugatum

兜兰［拖鞋兰］

> 优雅的装束、性感

- 植物科别：兰科
- 原产地：东南亚地区
- 花期：由品种决定

花姿奇特，花瓣的一部分呈口袋状。有5～7片硕大的叶子，花芽从中抽出并开花。花朵凋谢后，植株旁边会长出新芽，新芽再以相同的方式生长。在洋兰中，兜兰是相对耐低温的品种，可以在5℃左右的气温下过冬。

200

Vanda

万代兰 ［万带兰］

* 植物科别：兰科
* 原产地：东南亚地区
* 花期：不定期

> 高雅之美

万代兰的主要特征之一是紫色的花朵，但近来，也出现了深粉色、黄色、白色等多种颜色的花朵。叶子从中间向左右两侧伸展出去，并不断向上生长。植株底部长出无数粗壮的白色根茎，绝对值得一看。花朵全年开放或不定期开放。

Bougainvillea

叶子花 ［三角花］

> 我的眼里只有你

* 植物科别：紫茉莉科
* 原产地：美国中部至南美洲等地
* 花期：全年

叶子花是一种常绿藤状灌木，原产于美国中部至南美洲的热带地区。花瓣质感如纸，缠绕在篱笆或支柱上，可以装饰大片空间。花色丰富，有红色、白色、黄色、橙色等，但是开花后几乎无香味。

202

Phalaenopsis aphrodite

小花蝴蝶兰

❖ 植物科别：兰科
❖ 原产地：东南亚地区
❖ 花期：不定期

叶子大而肥厚，成长过程中会将水分和养分蓄积在其中。喜温暖的环境，不耐冬天的寒冷。经过品种改良，花色、植株和花朵的尺寸等都变得十分丰富。除了作礼物赠人之外，也有越来越多的人开始将小花蝴蝶兰带回家种植。

幸福向你飞来

203

Prunus persica

桃花

﹡ 植物科别：蔷薇科
﹡ 花期：全年

桃花在樱花盛开的时期迎来全盛期。光洁可爱的粉色、红色、白色花朵在春天的庭院里竞相开放，令人赏心悦目。

性情温和

204

Eucharis granndiflora

南美水仙 ［亚马孙百合］

﹡ 植物科别：石蒜科
﹡ 花期：不定期

从正面看，花形齐整，如六芒星一般。虽然也被称作"亚马孙百合"，但在植物学上，它并非属于百合。

纯净的心、文雅

205

Lachenalia viridiflora

绿松石立金花

✤ 植物科别：风信子科
✤ 花期：12月~次年3月

绿松石立金花是球根植物，多数分布在南非。秋天开始发育，冬春开花，夏天之前，茎叶枯萎，进入休眠。

不专一、好奇心

206

Eustoma grandiflorum

洋桔梗［草原龙胆］

✤ 植物科别：龙胆科
✤ 花期：全年

因为名字里有"桔梗"二字，所以经常被误认为是桔梗科的植物，但实际是龙胆科的花卉。

优美、希望

关于花的小知识 3

日本人和菊花的关系

　　说到在日本人生活中根深蒂固的传统节日，人们一般会想到正月初七的"七草粥"、3月3日的"桃花节①"、五月初五的"端午节"和七月初七的"七夕节"。但是还有一个绝对不能忘记的节日，那就是九月初九的"重阳节（菊花节）"。在大多数人的印象中，菊花的花期应该是在10月至11月上旬期间，而九月初九相当于阳历的10月中旬，所以在江户时代，九月初九前后正是菊花最美的时候。

　　自古以来，菊花就被当作药草来使用，甚至流传下了"菊慈童"的民间故事，说其因为菊花而以少年之姿活了700年之久。还有一种说法，认为在重阳节将菊花的花瓣洒在酒上，一同饮用，便会延年益寿。菊花从中国传入日本，并在江户时代普及到了老百姓的生活中。此后，人们开始对其进行品种改良，争相比美，甚至在江户时代后期还创造出了"菊人偶"。明治维新之后，受西方影响，菊花渐渐成了装饰墓地的固定花卉。然而近年来，人们为了改变这种固有印象，开始用菊花的英语名"chrysanthemum"的缩略形式"mum"来称呼菊花。也许正是这个原因，才让越来越多的人开始选择用菊花来装饰室内，或作为礼物赠予他人。另外，和其他花卉相比，菊花的持久性更长，如果只用来祭拜墓地，不免有些浪费。

注：①即日本女儿节。

Flower Words
PART 05

和花有关的词语、表述

Flower Words
术语

一年生草本
从发芽到开花，一年之内完成整个生命周期的花草。生长速度较快，管理简单。

压花
将花草夹在书等物品之间，然后用镇石压住，使其干燥。

雄蕊
生产花粉的花叶，是花的雄性生殖器官，由花药和花丝两部分组成。

雌蕊
由柱头、花株、子房构成的雌性生殖器官，位于花朵的中心部位。

花期
开花的时长或开花的时期。

花香
花散发的香味。

花瓣
花冠的一个组成部分，色彩丰富。

花轴
会长出花的茎或枝。

花柄
花的柄,从花轴伸出,顶端开出花朵。

花序
序轴及着生在上面的花的统称,即花的排列方式。

花冠
保护雄蕊和雌蕊的器官,位于花萼的内侧。

花粉
雄蕊产生的粉状细胞,通过传送到雌蕊顶部,完成传粉。

花坛
庭院或公园内种植花草的地方。

花萼
包围在花朵外侧的器官,由数片组成,其中大多都形似叶片。

修剪

促使花再次开放的操作。将开放完毕的花朵连茎一起修剪掉,有利于长出新枝,重新开花。

茎

支撑叶子或花的部位,拥有向各个部位输送水分和营养元素的结构。

地被植物

建造庭院时,为了覆盖地表而栽种的植物。

国花

一个国家用来作为自己国家象征的花。日本的国花是樱花和菊花。

共生植物

种植在自己想要栽种的蔬菜或花卉旁边后，会促进其生长的植物。

宿根花卉

当环境不适合生长时，地面部分就会枯萎，只留根部进入休眠的多年生草本植物。

舌状花

花瓣细长呈舌状的花卉，比如蒲公英、波斯菊等。

人造花

仿照自然的鲜花人工制造的花。材料一般有纸、布、塑料等。

多年生草本

能连续多年不枯萎,且每年都开花的花草。

单性花

一朵花中只有雄蕊或只有雌蕊的花卉。

花蕾

花朵尚未盛开或即将盛开的状态。

摘心

为了开出更多的花而采取的措施。摘掉顶端嫩芽后,就会长出腋芽,从而开出更多花。

筒状花

花瓣细长呈圆筒状的花卉,也被称作"管状花"。

两年生草本
不在发芽当年,而是在第二年开花、枯萎的花草。

花形
花朵的形状、纹路。人们十分看重的一个方面。

闭锁花
不开花,通过自己受精产生种子的花,也叫"闭花"。

苞片
长在花序根部的叶片。通过包裹花芽或花蕾来保护花。

两性花
一朵花中同时具有雄蕊和雌蕊的花卉。

插花
将不同植物的花搭配在一起,表达一个主题,令人赏心悦目。

惯用语、谚语

雨降花
传言摘取之后就会下雨的花。

牵牛花开一时
正如清早开放晌午便已枯萎的牵牛花一样,好景都不会长久。

徒花不成果
华而不实。无论表面多好看,如果内容空洞,就不会有成果。

不言即为花

沉默是金。会招致麻烦的话，不说为妙。

不分溪荪与杜若

形容两者极为相似，难分伯仲，难以抉择。

仅开一朵，花亦为花

形容即便是微小不显眼的存在，也有其独特的美。

一莲托生

无论事情是善是恶，结果是好是坏，都要同进退，共命运。

枯树开花

已经枯死的树又开起花来。比喻绝处逢生或奇迹出现。

枝虽枯，根仍在

即便枝断叶枯，长在地下的根也依旧健在。比喻彻底消除灾难或坏事是非常困难的。

锦上添花

在美丽的物品上添加美丽的鲜花，比喻好上加好，美上添美。

即便是荞麦花，也会有盛开的时候

朴素如荞麦花，时机一到，也会拼命盛放。比喻所有花季少女都是美丽的，都会散发魅力。

高岭之花

比喻只可远观，不能占为己有。

立如芍药，坐如牡丹，行如百合

形容女性美丽、端庄的姿容和举止。

花散于花蕾

比喻摧毁未来可期之人的生命或才能。

群云遮月，风吹花散

比喻好事总会受到干扰，无法长久。

泥中之莲

像出淤泥而不染的莲花一样，即便置身于污秽的环境之中，也能一尘不染，保持内心的纯净，正确地生活。

十日之菊

没有赶上重阳节（九月初九）的九月初十的菊花，是没有用处的。比喻错过了那个时间，再做就没有意义了。

远方的花更香

身边的事物,一旦习惯,就再也看不到其优秀之处。远方的事物,则处处是优点,就像在远处散发幽香的花更有魅力一样。

菜籽梅雨

油菜开花时的连天雨。

花筏

花朵凋谢之后,漂浮在水面上,随波逐流,仿佛木筏一般。

花笑

花朵绽放,或花蕾半开的样子。

花归

新娘第一次回娘家。

花妻

新婚妻子或如花似玉的妻子。也有人将其用作花的昵称。

花遇暴风
樱花盛开之时，刮起一阵强风。比喻好事多磨。

花容
如花一样美丽的容颜。

花吹雪
樱花的花瓣如暴风雪般纷纷飘落的样子。

花语
每种花都会因为各自的特质而被赋予某种象征性的意思，这个意思就是花语。

比起花，团子更实在
舍华求实。比喻比起风雅，更重视实际利益；比起外观，更重视内容。

欲折花而梢过高
虽然想折下开着美丽花朵的树枝，但因为树梢太高，而触不可及。比喻无法得到想要之物。

玫瑰带刺
玫瑰的枝条上长着许多尖刺。比喻美好的事物往往都有恐怖的一面。

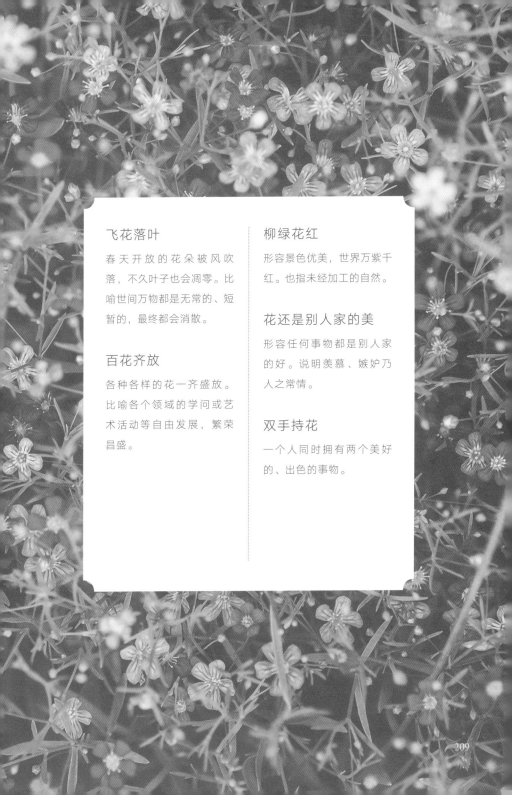

飞花落叶

春天开放的花朵被风吹落,不久叶子也会凋零。比喻世间万物都是无常的、短暂的,最终都会消散。

百花齐放

各种各样的花一齐盛放。比喻各个领域的学问或艺术活动等自由发展,繁荣昌盛。

柳绿花红

形容景色优美,世界万紫千红。也指未经加工的自然。

花还是别人家的美

形容任何事物都是别人家的好。说明羡慕、嫉妒乃人之常情。

双手持花

一个人同时拥有两个美好的、出色的事物。

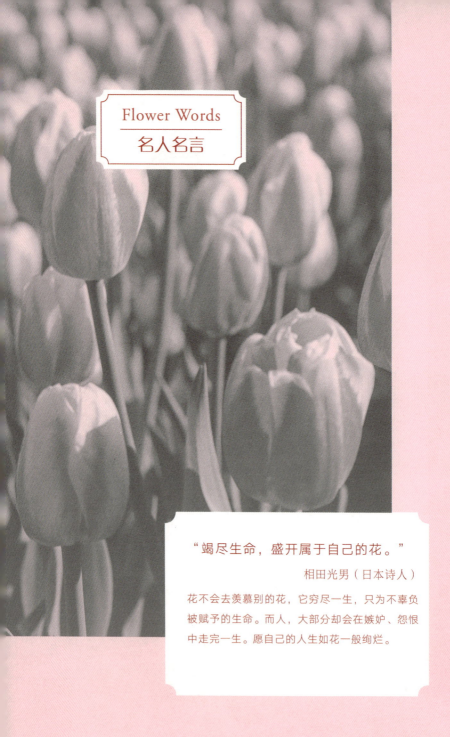

Flower Words
名人名言

"竭尽生命,盛开属于自己的花。"

相田光男(日本诗人)

花不会去羡慕别的花,它穷尽一生,只为不辜负被赋予的生命。而人,大部分却会在嫉妒、怨恨中走完一生。愿自己的人生如花一般绚烂。

"不卖弄风姿之花最美。"

MAMI川崎(日本花艺设计师)

任何事情,深入了解,并掌握技术之后,就会开始纸上谈兵。事物的本质并非卖弄技术,而是越简单纯粹越好。Simple is the best!

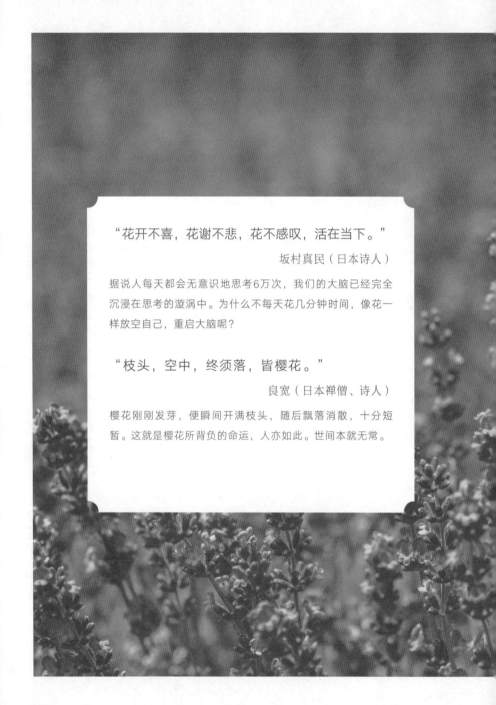

"花开不喜，花谢不悲，花不感叹，活在当下。"

坂村真民（日本诗人）

据说人每天都会无意识地思考6万次，我们的大脑已经完全沉浸在思考的漩涡中。为什么不每天花几分钟时间，像花一样放空自己，重启大脑呢？

"枝头，空中，终须落，皆樱花。"

良宽（日本禅僧、诗人）

樱花刚刚发芽，便瞬间开满枝头，随后飘落消散，十分短暂。这就是樱花所背负的命运，人亦如此。世间本就无常。

"没有无刺的玫瑰。"

罗伯特·赫里克（英国诗人）

任何事物都有优点和缺点，这是不可避免的事实。但是，看的角度不同，有时会发生180度大转变，缺点变成优点，优点变成缺点。

"野花也有自己的使命。在这世上，每个人都有存在的意义。能不能发现，才最为重要。"

美轮明宏（日本创作歌手）

一般而言，人都不太了解自己。越是提不起精神的时候，就越容易陷入悲观，只关注自己的缺点。但很多自己觉得是缺点的地方，其实都是优点。

"花岂可只观其盛,月岂可只观其圆。"

吉田兼好(日本诗人)

盛开之花,满盈之月,都很美。但是,能称之为"美"的就只有这种时候吗?花也好,月也罢,人亦如此,从出生到死亡,无时无刻不是美的。重要的是去感受每个阶段的美。

"连绵细雨中,花色已尽褪。叹忆往昔间,徒然已一生。"

小野小町(日本诗人)

花儿在风中飘散,在雨中褪色陨落。人的姿容也是如此,在年华蹉跎间,终将老去。年轻人啊,请珍惜时间,磨炼内在,让人生没有悔恨。

"花失去了全部花瓣,却得到了果实。"

泰戈尔(印度诗人)

花绽放不是为了让人观赏自己的美貌,花牺牲一切只为留下子孙。人生中的成功也是如此,需要各种各样的牺牲。

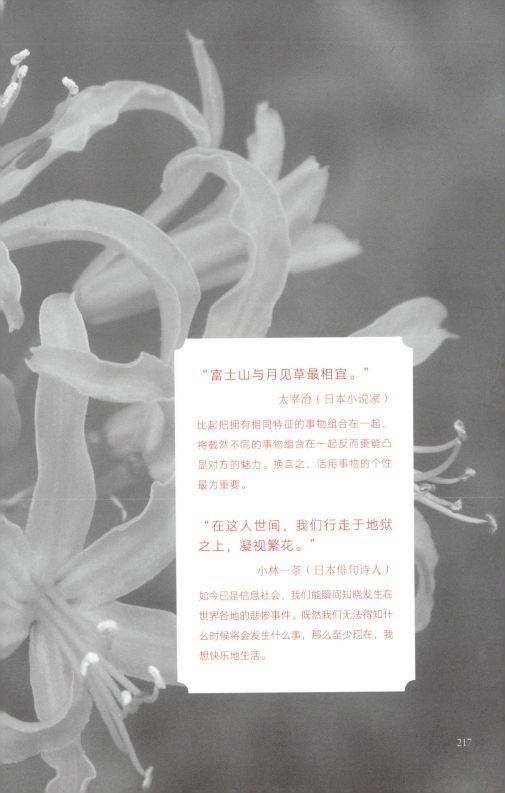

"富士山与月见草最相宜。"

太宰治（日本小说家）

比起把拥有相同特征的事物组合在一起，将截然不同的事物组合在一起反而更能凸显对方的魅力。换言之，活用事物的个性最为重要。

"在这人世间，我们行走于地狱之上，凝视繁花。"

小林一茶（日本俳句诗人）

如今已是信息社会，我们能瞬间知晓发生在世界各地的悲惨事件。既然我们无法得知什么时候将会发生什么事，那么至少现在，我想快乐地生活。

"我如此在意那朵玫瑰,不是因为玫瑰爱我,而是因为我对她爱护有加。"

圣埃克苏佩里(法国小说家)

对自己的衣服、鞋子、汽车等所有物,越是花时间打理,越是会对它们产生留恋。无论什么事物,只要对它付出了爱,就会得到回应。

Column
PART 06

花之种种

Column 01
<如何选择>

以颜色选花

就像每天挑选要穿的衣服一样，通过颜色来挑选花吧。比如，搭配衣服时，我们会先把上装定下来，然后根据上装考虑下装的颜色和款式，最后再用首饰添加亮点，或通过鞋子的颜色来取得平衡。同理，花也可以如此搭配。不用想太多，先轻松愉快地尝试一下吧！

◆ 渐变

如果主色为红色，就选择搭配红色加白色或红色加黑色的花朵。比如，红色加白色是粉色，不妨选择深粉色或浅粉色的花朵来搭配红色花朵，这样就形成了颜色的渐变。

◆ 对比

选定主色之后，搭配相反颜色的花朵。比如，用紫色的洋桔梗去搭配黄色的向日葵，整体就会给人留下深刻的印象。红绿圣诞色、橙黑万圣色便具有这样的效果。

◆ 亮点

渐变色或同一色调（明度和饱和度）的组合搭配，虽然视觉上会比较舒适，无人不爱，但可能不会给人留下深刻的印象。这时，如果加入少许和主色调相反的颜色，整体印象就会一下子鲜明起来。

◆ 白色和绿色

白色的玫瑰只需简单配上些许绿植，就能营造出一种"成熟"的气质。这种搭配不容易失败。即便增加花和绿植的种类，也依旧能让人感觉清新自然，妙不可言。另外，白色的花可以用来装饰任何空间，这一点也至关重要。

以季节选花

一年四季，随时都能看到的花越来越多。所以，相比以前，现在越来越难以感受到季节的更迭了。但也正因为处在这样的时代，我们何不每次都提前挑选少许能让人感觉到季节的花，比如樱花、郁金香、绣球、红叶、一品红等呢？绝对会让你有种眼前一亮的感觉。

◆ **能让人感觉到春天的花材**

最先感知到春天到来的是香气宜人的梅花，桃花和樱花紧随其后。花坛中，郁金香、香豌豆、风信子、冠状银莲花和花毛茛等华丽的花草也竞相开放。

◆ **能让人感觉到夏天的花材**

对花而言，夏天是生长的季节。一出梅雨季节，鲜艳的蓝色绣球便撞入眼帘，令人情绪高涨。到了仲夏，映衬在蔚蓝天空下的向日葵便会成为主角。除此之外，蓝色系的花会让人感觉凉爽，所以非常受欢迎。

◆ **能让人感受到秋天的花材**

秋天是成熟的季节。从南蛇藤、日本栗、玩具南瓜、乳茄等个性独特的植物，到颜色鲜艳的鸡冠花、菊花等，可以观赏到许多种类。随风摇曳的波斯菊、龙胆等也会给人留下深刻印象。

◆ **能让人感受到冬天的花材**

在自然界中，冬天开花的花并不多。但是，人们会通过温室栽培来满足冬天对花的需求。十分契合圣诞节和迎春氛围的一品红、土茯苓等花果会在隆冬里给人带来温暖。

以装饰的场所选花

用花装饰某个空间时,理解这个空间的气氛十分重要。如果这个场所的形象和所选之花十分契合,那么即便不使用大量的花,也可以装饰得十分精妙。如果觉得困难,不妨咨询一下花店,将要装饰的场所的照片带过去,能更顺利地选到合适的花。

◆ 玄关

这是决定一个家庭第一印象的地方,建议选择具有季节感的花。玄关是可以感受季节更迭的地方,所以请选择与之相适的花吧。

◆ 餐厅

建议选择红色、橙色等能激起人食欲的暖色系花朵。装饰时,事先准确地把握餐具、桌子等的具体尺寸,便不会为该选择什么尺寸的花才能和餐桌融为一体而感到困惑。

◆ 客厅

客厅的色调一般比较素雅,所以任何花卉都能与之搭配相宜。但也容易因太过融入而令人印象模糊。所以,用颜色鲜艳的花来装饰会让人有眼前一亮的感觉。

◆ 厨房

为了不妨碍烹调,建议用平常会用作食材的香草等来随意装点厨房。另外,将水果或蔬菜粗略地放在篮子里也是个不错的选择。

以香味选花

香味是花的一大特征。这是花的迷人之处,非常适合当作礼物送人。香味会刺激人的五感,在人的心里弥久不散。所以,即便是小小的、存在感微弱的花,也能给人留下深刻的印象。赠人以花,也许能让对方永远记住这段回忆。

◆铃兰香

略带青涩又有透明感的独特香味,有助于缓解疲劳。长时间工作后,或想要减少简单的工作失误时,可闻此香,让身体变得不容易疲劳。

◆玫瑰花香

有人说"无香之玫瑰犹如吝笑之美女",可见玫瑰的香味能给人的心理带来积极的影响。香型大致可分为大马士革古典香型、大马士革现代香型、茶香型、水果香型、蓝香型和辛辣型等。

◆药草香

当你无法集中精神,或感觉疲劳的时候,药草的香味能唤醒你的大脑。薄荷香可以驱散困意,让人意识清醒;迷迭香有助于提高记忆力;而马郁兰则可让人进入深度放松的状态。

◆茉莉花香

茉莉花的香味浓厚甘甜,素有"香中之王"的美誉。平日里,当你对自己丧失了信心,无法对任何事情感到满足时,建议选择茉莉花。另外,提不起精神的时候,闻此香,也可让你充满干劲。

Column 02
<如何赠送>

纪念日送花

纪念日是对每个人而言都十分特殊的日子。如果想把和重要的人初遇的日子、和恋人交往一周年的日子等私人纪念日过出仪式感,可以考虑送对方花。如果羞于用语言传达自己的心情,那么赠送拥有美妙花语的花就不失为一个聪明的选择。

◆ 生日

对任何人而言,生日都是令人开心的特殊日子。在生日当天的早上,仅仅听到一句"生日快乐"就会感觉很幸福。但是,如果在祝词之外,还能收到礼物,就会更加感动。只需简简单单地赠送和对方年龄相同数量的玫瑰花束,就能很好地传达自己的心意。

◆ 结婚纪念日

结婚建立家庭后,生活容易变得单调、枯燥。这时候,不妨试着在结婚纪念日送花吧。这样做,绝对可以让对方的心情焕然一新。顺便一提,结婚四周年叫作"花果婚",祝愿两人永远和睦幸福。

◆ 祝寿日

现在,祝愿长寿的机会越来越多了。庆祝60岁生日时,送由60支红玫瑰组成的花束或用红色花朵制成的插花盆景最为合适。另外,在想要赠送的衣服或首饰上,装点少许红花也是个很妙的方法。

◆ 学校、公司创建纪念日

给团体组织送花时,根据主题色或对方的标志来选择花色或花形,可以让对方满意。如果大小和预算没有限制,也可以用花制作公司名。使用染过色的花朵,还能让颜色更加丰富。

节日送花

日本四季分明,每个季节都有各种各样的节日。其他国家也有各种宗教节日、向所爱之人传达心意的特殊日子等。在这种日子里,经常可以看到花的身影。平时从未送过花的人,也可借着节日的机会,毫无心理负担地将花送出去。

◆情人节(2月14日)

按照世界标准,这一天男性要送女性花。近年来,情人节当天,男性向女性送花的习惯也在亚洲固定了下来。

◆桃花节(3月3日)

在寒意尚存的这个时节,一到桃花节,人们就能欣喜地感受到春天即将到来。单独赠送桃花当然可以,但如果添加少许油菜花或郁金香,会显得更加华丽。

◆含羞草节(3月8日)

这个节日非常符合尊敬、重视女性的意大利的风格。这一天,意大利的男性不论老少,都会向女性赠送含羞草。

◆铃兰节(5月1日)

这一天,法国的大街小巷都会弥漫着铃兰的花香。据说收到铃兰的人会变得幸福。真是个美好的节日啊。

◆端午节(五月初五)

因为在日本是庆祝男孩子成长的节日,所以花色以冷色调为主较好。除此之外,使用很多绿植的花束也会给人非常清爽的感觉,十分适合男孩子。

◆重阳节(九月初九)

每年的农历九月初九,是中国的传统节日。古时民间在重阳节有登高祈福、秋游赏菊、佩插茱萸、祭神祭祖及饮宴求寿等习俗。传承至今,又添加了敬老等内涵。

送花祝贺

人的一生中，值得祝贺的日子其实并不多。重要的人身上发生某些特别的变化，或取得特别的进步时，又或者是发生了不同于以往的可喜可贺的事情时，花可以帮你非常直接地传达自己的心意，十分便利。很多时候，一朵花的效果要比长篇大论更胜一筹。

◆祝贺乔迁

选择适合装修风格的花最恰当。如果不明白，可以搭配柔和色调的花。除此之外，考虑到对方家里可能没有花瓶，也可以赠送可直接装饰新家的花艺作品。

◆祝贺出生

如果是送到病房，请避免香味浓烈的花。比起颜色鲜艳的花，分娩后的母亲会更青睐花色柔和、令人看着舒服的花。在此基础上，再配以可爱的小花，就再好不过了。

◆展会、个展的祝贺

如果了解作品的风格，最好送与之相配的花。如果展览的时间较长，可送耐干燥的花。

◆发表会、演奏会

上台送花时，一般会选择花束。如果递花的空间比较大，那么使用花形较大的百合等会更有利于搭配。如果要送到后台休息室，可以附上卡片。

◆祝贺新婚

如果事先知道新郎新娘喜欢什么样的花，那就按照这种花来设计。婚宴后会非常忙碌，所以建议送插花盆景，而非需要花瓶的花束。

◆祝贺新店开张

一般会把花设计成高2米左右的立式花篮，里面附上写着贺词的卡片。最近，篮子等容器中装着小型花朵的花篮也很常见。

吊唁送花

无论是开心的时候，还是悲伤的时候，花都能在人的心里泛起涟漪。不过，用花来传达吊唁的心情时，需要注意的事项比较多。吊唁用的花必须在守夜、告别仪式结束后送，送得太早可能会造成失礼。因此，送花时请务必注意规矩。

◆ 枕花

一般使用白色的日本本土花（只有白色）。头七前送的花束，最好也都选择白色的花。但是，如果是死者喜欢的花，则无关颜色，都可以掺杂进去。

◆ 守夜、告别仪式

每个地方、殡仪馆都有各自的规定，所以接到不幸的通知后，就交给花店来处理吧。在四十九天内，一般会送白色的供花。

◆ 法事、佛事用花

出席法事时，可用花来慰问死者家属。法事当天会比较忙碌，所以最好在前一天送去会场。如果去不了，则在当天仪式开始之前送到。至于花色，离去世的日子越近，送近似于白色的花就越安全。四十九天之后，也可以送用死者生前喜欢的花或色调柔和的花做成的插花盆景。

Column 03
<如何养护>

放置花的场所

花无法随心所欲地移动,自然不会因为冷就自己挪到温暖的地方,因为热就挪到凉快的地方。我们只要将其放置在有利于它生长的地方,就可以延长它的寿命。

◆避免阳光直射的地方

切花失去活力的原因之一是吸水的导管出现了堵塞,而导致导管堵塞的罪魁祸首则是水中滋生的细菌。如果将花放置在阳光可以直射到的地方,那么花瓶中的水就会变得温暖,成为细菌繁殖的温床,所以不建议将花放在阳光可以直射的地方。

◆空调的风吹不到的地方

花和人一样,冷气、暖气太强的地方,或空调的风会长时间直接对着吹的地方,都不能算好的环境。如果冷气、暖气太强,房间就会比较干燥,而一干燥,水分就会被夺走。

◆远离蔬菜水果的地方

蔬菜或水果成熟后,会释放出乙烯气体(催熟气体)。其中,尤属哈密瓜、苹果释放得最多。康乃馨等花遇到这种气体后,会加速老化,寿命减短。所以,将花装饰在厨房附近时,需要特别注意。

◆接触不到烟雾的地方

香烟和线香产生的烟中含有乙烯气体。吸烟人士的房间和摆着佛龛的房间经常烟雾缭绕,会给花造成伤害。所以装饰花时,请将其放置在接触不到烟雾的通风良好的地方,或勤快地换气。

如何提高切花的吸水性能

切花只要能吸收充足的水分，就能延长寿命，所以在此简单介绍一些提高切花吸水性能的基本方法。除此之外，还有很多别的方法，比如使用专业的药物等。但是如果你的花是从值得信赖的花店购买的，那么它应该已经吸饱了水分，回家后，马上剪切，插入花瓶，便可维持很长一段时间。

◆ 烧焦法

适用于切口会流出很多树液的花（如蓝星花、牡丹、一品红等）。先用略微潮湿的报纸将花和叶包裹住，以免热气伤害到它们。然后，轻轻剪去花茎末端，在距离末端2～3厘米处将其烧至发红。烧完后，再用牙刷等物刷去凝固了的树液结块。

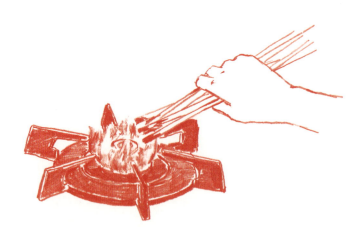

◆ 敲锤法

适用于茎干坚硬、吸水性能差的枝干类植物。用力过猛，会破坏纤维，所以请像推揉一般轻轻地敲锤即可。

◆ 浸烫法

先用报纸将花和叶包裹住，以免它们接触到蒸汽。放入热水之前，先将花茎剪去少许。然后立即放入沸腾的热水，浸泡20～40秒。之后，再快速放入冷水中，并将变色的部分剪去。

◆ 剪切法

提高吸水性能的第一步，是将浸泡在水中的叶子全部剪去。然后再用锋利的剪刀或小刀修剪花茎。为了尽可能扩大切口面积，应斜着剪，这是至关重要的一点。

延长花寿命的诀窍

花和人不同，不会和我们交流。如果你不观察它，就不会发现它营养不良。要想尽可能延长没有根的切花的寿命，只需稍微花一点功夫，就能得到惊人的效果。你在花身上投入几分感情，花就会回应你几分。所以请不要嫌麻烦，从力所能及的事情开始做起吧。

◆营养剂

对切花而言，营养剂就相当于米饭。加入营养剂后，花就能得到养分，从而健康地活下去。营养剂中还含有杀菌剂，能防止水变质，所以是非常好的东西。

◆漂白剂

要想防止细菌的滋生，只需在花瓶中倒入2~3滴漂白剂，就能防止水变质，从而延长花的寿命。花之所以会失去活力，是因为吸收水分的导管被细菌堵塞住了。

◆花瓶的水量

不需要将花瓶倒满水。特别是像非洲菊这样带有细毛的花，细菌容易在上面繁殖，所以花瓶的水量保持在底部往上10厘米左右即可。

◆滑腻的花茎需要清洗

花瓶中的水要勤换。另外，如果花茎摸上去滑溜溜的，需要用清水将表面那层滑腻的东西洗掉。

◆不开花的花蕾要摘掉

摸上去特别硬的花蕾是不会开花的，所以请将其摘掉。与其让开得不彻底的花蕾夺走营养，还不如将这些营养分给即将要绽放的花蕾，这样更有助于延长花的寿命。

◆已枯萎的花要摘掉

已枯萎的花朵如果不摘除，就会释放乙烯气体，从而让健康的花朵也跟着枯萎。所以请经常检查，一旦发现已枯萎的花，立即摘除。

花的养护工具

对于专业的花匠而言，工具就是生命。看一眼他们用惯了且保养得当的工具，就能看出他们的技术水平。而家庭使用的工具没必要买很昂贵的。家居中心卖的工具足以应对各种情况。但是，请不要忘了定期给它们进行维修保养。

◆剪刀
修剪花所必需的工具。刀刃要定期清洗，如果发现卷刃严重，就更换一把。

◆刀
将花茎切成尖角的工具。请使用锋利的刀，只要轻轻一划，就可轻松地将花径切断。

◆锯子
有些粗壮的枝条无法用剪刀和刀切断，这时如果有锯子，就会十分方便。

◆尖嘴壶
给大花瓶注水时使用的工具。有些狭窄的空间，喷壶头无法伸进去，这时如果有尖嘴壶，就可以轻松解决了。

◆镊子
去除花粉时，或难以用手指来操作时，如果有镊子，会十分方便。

◆围裙
为了防止树液、花粉等沾到衣服上，请穿上围裙。穿上后，可以非常愉悦地工作。

Column 04
<如何装饰>

使用植物的花饰

茶道宗师千利休留下的一句话"让花像在野地中一样",道出了用花装饰茶室的心得。制作花饰时,应注意不要添加太多人为的因素。为了不破坏花的美,接下来就介绍几个用植物的一部分来固定花的技术吧。

◆ 枝条

将枝条剪成和容器口相同的长度,然后利用相互间的弹力将其固定成像支柱一样的状态,最后在枝条和枝条之间插入花朵。

◆ 叶子

将卷成滚筒状的叶子放入玻璃杯中，然后在叶子和叶子之间的空隙处插入花。

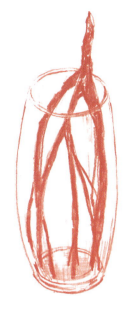

◆ 倒枝

只需将有自然分枝的枝干倒插入容器中，之后再将花插入分枝之间即可。

◆ 枯草

做成像鸟巢一样的形状，放入容器，然后将花插在枯草的缝隙中。枯草浸在水里会腐烂，所以请注意。

使用杂货的花饰

我们平时随意使用的生活杂货,或是身边一些令人意想不到的东西,都可以用来固定花。请试着用身边的杂货来做插花的工具吧,说不定可以创造出前所未有的独特组合。

◆ 弹珠

摇身一变,成为最合适夏天的插花工具。在水中放入几粒,更是让人倍感凉爽。

◆ 透明胶带

在玻璃容器的瓶口交叉贴上透明胶带,就可以固定很多花,自然又方便。插上花后,透明胶带就会被遮盖住。

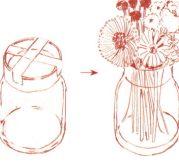

◆ 橡皮圈

建议使用和花色以及容器颜色相配的彩色橡皮圈，将其缠绕在容器上，在瓶口处形成格子状。橡胶具有伸缩性，所以无论多大的容器，都可以使用。

◆ 吸管

吸管有很多植物没有的鲜艳颜色，这是它的魅力所在。花纹也十分丰富。所以，当你想营造时尚流行的气氛时，不妨使用它。在容器中插入许多吸管，再将花固定在吸管和吸管之间。

使用小花的花饰

在房间里随意装饰一点小花,可以让心情平静下来。因为只有1个玻璃杯的大小,所以不占地方,可以放在卫生间、厨房、卧室等空间内。而当你将5～7个大小相同、插着小花的玻璃杯花饰在餐桌上一字排开时,它又可以显得非常华丽。

How to Make

<使用的花材>
- 多头玫瑰
- 粉色蓝星花
- 翠雀
- 芒草
- 银叶菊

1
先在容器中放入绿植,略微散开。以此为靠垫,固定接下来要插入的花。

2

为了更容易想象出完成之后的造型,将主要的玫瑰均匀地插入。

3

在玫瑰和玫瑰之间错落有致地插入粉色蓝星花。

4

将芒草弯成环形,插入两根。制造出的空隙会让整体看上去更加轻盈。

5

将翠雀插在后方,使花饰整体取得平衡。花饰至此完成。

使用其他材料的花饰

为了设计出自己理想中的花饰，必须将花材固定在理想的地方。专业的花匠会使用一些非常便利的材料来固定花，你也可以试着使用它们。另外，在海边或山间，如果搭配使用素雅的自然素材，那么即便花少，也能营造出灵动的氛围。

◆ **吸水海绵**

可以帮助你自由设计花的材料。将干燥的海绵慢慢浸入水中，使其由内到外都充分浸湿。

◆ **剑山**

即便花材较少，也可以让其保持平衡。即便花材较重，也能稳稳地托住。除了插花以外，剑山还有别的用途。

◆ 铝丝

不仅可以轻松地用手弯折，还不会生锈，是非常出色的材料。将其挂在容器边缘，即便花材较少，也能稳稳地固定住。

◆ 自然素材

花本身就是自然的素材，所以搭配石头、贝壳、小树枝时，即便什么都不做，也能融合成一个整体。

使用大型花和绿植的花饰

若想用少量的花装饰大空间,可以利用大型花和绿植,搭配出富有生机的线条。设计时,要有空间意识,留出能够触动人去想象的"留白"。就像搭积木一样,要一边注意平衡,一边将大型花和纤细的花材叠加在一起,如此便能搭配出非常有个性的花饰了。

How to Make

<使用的花材>
- 东方百合
- 绣球
- 白鸢尾
- 万代兰
- 兜兰
- 百部草
- 马蹄莲叶

1
将东方百合插入花瓶,并固定位置,使其不会摇晃。

2
在相反的方向插入相同色调的绣球,取得平衡。

3
在两种花之间插入个性十足的万代兰和兜兰,为整体色调添加亮点。

4
插入和东方百合等量的马蹄莲叶,高度也要和东方百合一致,以凸显花色。

5
随意插入拥有柔和线条的百部草和白鸢尾后,就完成了。

花和容器的空间关系

花自然开放的姿态是最美的,但是将它剪下,插入容器,而后装饰在自己喜欢的空间内,也能造就另一种美。选花的时候,要对装饰的容器和空间有一定的概念。只有掌握了挑选的技巧,才不会让花饰变得格格不入。

◆ 自然的空间

建议使用玛格丽特花、飞燕草、蓝星花等较为柔和的花草。容器也最好选择柔和的白色容器或有泥土感的素陶器。

◆日式空间

推荐使用应季的枝条（如樱花、山茶、绣球等）。容器选用漆器、竹笼、素陶器等为好。

◆时尚的空间

适合非洲菊、郁金香等颜色比较鲜艳的花。圆形容器、线条优美的容器、塑料容器等比较适合。

◆现代化的空间

可使用有金属感的花烛、线条优美的马蹄莲。搭配方形容器、单色或金色的容器，可以相得益彰。

制作小花插花盆景

制作插花盆景并不困难,只要使用吸水海绵,即便不是专家,也能轻松完成。第一次挑战时,可从小花插花盆景开始。习惯之后,再制作大花插花盆景。吸水海绵可从花店购得。

How to Make

1
将海绵剪至略大于容器的尺寸,预留部分空间,以便插入花后浇水。

2
为了不浪费,将一枝多头玫瑰剪成多枝。

③
将花茎剪成一个尖角,这样既容易插入海绵,又能扩大切口面积,从而提高吸水性能。

④
先在容器的四周插入叶子,然后用多头玫瑰简单定型。

⑤
插入与多头玫瑰不同花形的白色蓝星花,打造出立体感。

⑥
插入翠雀,营造动感。插花盆景至此完成。

Column 05
<如何加工>

干花的制作方法十分简单,只需将其挂起来风干即可。香薰干花是干花进一步"发酵"后的产物。通过让花发酵,可以让其染上自己喜欢的香味。你可以改变混合精油的种类、使用的量和比例,制造专属于你自己的香味。

如何制作香薰干花

1.

首先,将鲜花制成干花。自然风干是最好的方法,也可以使用干燥剂,缩短干燥的时间。但是制作的过程本身也是一种乐趣。花要干燥到硬邦邦的程度才行。

2.

将风干的花装入袋子,滴入香薰精油,轻柔地将两者混合在一起。用力过猛会把花压碎,所以请务必小心。要有耐心地慢慢混合,直至整体都浸染上精油。

3.

将浸染了香薰精油的花移至瓶中。为了调出自己喜欢的香味,也可添加肉桂、丁香等香料,加以混合。然后盖紧容器盖子,使其完全密封。

4.

放置1个月左右,任其发酵。储存时,请避免太阳直射。香薰干花制成后,会染上浓郁的香味。你可以用它装饰篮子,也可以放在喜欢的碗状容器中。

如何制作香囊

香囊是指装有香料、干药草或香薰干花的小袋子，在法语中叫作"Sachets"。在日本，人们以前称它为"香袋"。荷包型的香囊比较流行，且使用起来很方便。但是最近，也出现了很多别的类型，比如用蕾丝或绢花包，将香囊装得十分精致。

1.

准备好茶包。可在小店铺或网上购买，便宜的即可。将香薰干花装入茶包，并使其集中到两端，在这个过程中注意不要撒出来。调整集中到两端的香薰干花的重量，使其左右两边一样重。

2.

用蕾丝带将装有香薰干花的茶包包裹住。当能够透过蕾丝隐隐约约看到里面的香薰干花时，为最佳状态。蕾丝带可从手工艺品店购买，建议不要选择太深的颜色。

3.

用一根细丝带从中间将包裹着蕾丝的茶包系紧。丝带的颜色可选择和香薰干花同一色调的，这样能更好地融为一体；也可选择相反色调的，让丝带成为亮点。你可以根据自己的喜好，选择任何一种。

4.

丝带打成有两个圆环的蝴蝶结。选择丝带时，请选择正反两面质地相同的类型。这样，完成之后才会更漂亮。调节垂落在下面的丝带长度，将其剪成自己喜欢的长度之后便可以了。

如何制作花环

"Lease"是"花环、花冠、冠、环状物"的意思,历史悠久,据说从古罗马时代就有了。由花、枝条、叶子等制成的圆环,可在酒宴的时候使用,也可以作为奖品颁发给获奖者。将花环挂在门上,使其成为室内装修的亮点也是一个很好的方法,你要不要试试呢?

1.

将捡来的松塔和枯叶刷洗干净,干燥一天。从市场上购买用藤蔓制成的、什么都没有的花环,然后用黏合剂喷枪将最美的干玫瑰花固定在花环顶部。

2.

在和顶部相反的方向,也固定一朵玫瑰。不要直接用黏合剂喷枪将其黏着在上面。在固定之前,先临时摆放一下,确认合适的位置。

3.

继续在花环上固定玫瑰,这次是在左右两侧。请确认玫瑰的放置位置是看上去最完美的角度。然后一边360度转动花环,一边在最佳角度将玫瑰固定住。

4.

在玫瑰和玫瑰之间,均匀地插入松塔和枯叶。如果想让花环散发香味,可以将肉桂棒、丁香等也插进去。检查一遍整体是否协调后,便完成了。

后 记

　　人生充满了各种不可思议。40年前的我对花并没有什么特别的感情,但是现在的我却如此深爱着花。真是令人难以置信。

　　我是因为一个又一个的偶然,才踏入花艺的世界。但追溯过往,却发现大自然一直就在我的身边。小时候,我经常抓昆虫,玩人猿泰山游戏,还经常玩用野果子做子弹的手枪。摔跤受伤了也不用消毒液,而是将艾草叶研碎了涂抹在伤口上,引得一阵火辣辣得疼。现在看来,这些往事都已成为美好的回忆。我还清楚地记得,母亲经常会将花带入日常生活,她会随意地采些野花,将其插在花瓶中用以装饰房间。我想,那时候的生活和我现在选择从事的这个工作应该有着很深的关系吧。

　　虽然由曾经对花漠不关心的我说出来有点冒昧,但是没有花的人生是索然无味的。花可以滋润我们的心灵和人生。出版此书是为了让你更加近距离地感受花,为了更好地向你传达花的魅力。

阅读方式由你自行决定。没有精神的时候，可以随意翻看，直到心情变好。夜里辗转反侧时，可以随手翻到一页，看着花朵们美丽的照片，沉入梦乡。只要能让你单纯地喜欢上花，我就心满意足了。

最后，我要感谢日本出版社的益田编辑一直以来对文笔尚浅的我的鼓励。同时，我也要感谢设计师大西先生和沼本先生，为本书贡献了如此棒的设计和插图。真的非常感谢各位。

希望世界能一直鸟语花香，美满和平。

新井光史

图书在版编目（ＣＩＰ）数据

花草时光. 一花一世界／（日）新井光史著；吴梦迪译. -- 南京：江苏凤凰文艺出版社，2019.5
ISBN 978-7-5594-3503-3

Ⅰ.①花… Ⅱ.①新… ②吴… Ⅲ.①花卉－基本知识 Ⅳ.①S68

中国版本图书馆CIP数据核字(2019)第058843号

版权局著作权登记号：图字 10-2019-158
HANA NO JITEN: FLOWER DICTIONARY
Copyright ©Koji Arai 2017
Inside Illustration by Akiko Numamoto
Photo by PIXTA & Koji Arai
All rights reserved.
Original Japanese edition published by Raichosha Co., Ltd.
This Simplified Chinese edition published
by arrangement with Raichosha Co., Ltd., Tokyo
in care of FORTUNA Co., Ltd., Tokyo

花草时光：一花一世界

[日]新井光史 著　　吴梦迪 译

责任编辑	王昕宁
特约编辑	周晓晗　王　瑶
封面设计	鲁明静　汤　妮
责任印制	刘　巍
出版发行	江苏凤凰文艺出版社
	南京市中央路165号，邮编：210009
网　址	http:// www.jswenyi.com
印　刷	天津联城印刷有限公司
开　本	880毫米×1230毫米　1/32
印　张	8.75
字　数	140千字
版　次	2019年5月第1版　2019年5月第1次印刷
书　号	ISBN 978-7-5594-3503-3
定　价	58.00元

江苏凤凰文艺版图书凡印刷、装订错误可随时向承印厂调换